杨红珍　李　竹　黄满荣　倪永明　张昌盛　杨　静　毕海燕　李湘涛　徐景先　著

北京市科学技

创新团队计划

IG201306N

项目支撑

中国社会出版社

国家一级出版社★全国百佳图书出版单位

图书在版编目(CIP)数据

物种战争之潜伏 / 杨红珍等著.
—北京：中国社会出版社，2014.12
（防控外来物种入侵·生态道德教育丛书）
ISBN 978-7-5087-4911-2

Ⅰ.①物…　Ⅱ.①杨…　Ⅲ.①外来种—侵入种—普及读物 ②生态环境—环境教育—普及读物　Ⅳ.①Q111.2-49 ②X171.1-49

中国版本图书馆CIP数据核字（2014）第292632号

书　　名：物种战争之潜伏
著　　者：杨红珍 等

出 版 人：浦善新
终 审 人：李　浩
策划编辑：侯　钰
责任编辑：侯　钰
责任校对：籍红彬

出版发行：中国社会出版社
邮政编码：100032
通联方法：北京市西城区二龙路甲33号
编辑部：（010）58124865
邮购部：（010）58124848
销售部：（010）58124845
传　真：（010）58124856
网　　址：www.shcbs.com.cn
shcbs.mca.gov.cn
经　　销：各地新华书店

中国社会出版社天猫旗舰店

印刷装订：北京威远印刷有限公司
开　　本：170mm × 240mm　1/16
印　　张：13
字　　数：200千字
版　　次：2015年6月第1版
印　　次：2017年4月第2次印刷
定　　价：39.00元

中国社会出版社微信公众号

顾问

万方浩 中国农业科学院植物保护研究所研究员

刘全儒 北京师范大学教授

李振宇 中国科学院植物研究所研究员

杨君兴 中国科学院昆明动物研究所研究员

张润志 中国科学院动物研究所研究员

致谢

防控外来物种入侵的公共生态道德教育系列丛书——《物种战争》得以付梓，我们首先感谢北京市科学技术研究院的各级领导对李湘涛研究员为首席专家的创新团队计划(IG201306N)项目的大力支持。感谢北京自然博物馆的领导和同仁对该项目的执行所提供的帮助和支持。

我们还要特别感谢下列全国各地从事防控外来物种入侵方面的科研、技术和管理工作的专家和老师们，是他们的大力支持和热情帮助使我们的科普创作工作能够顺利完成。

中国科学院动物研究所张春光研究员、张洁副研究员

中国科学院植物研究所汪小全研究员、陈晖研究员、吴慧博士研究生

中国科学院生态研究中心曹垒研究员

中国林业科学研究院森林生态环境与保护研究所王小艺研究员、汪来发研究员

中国农业科学院农业环境与可持续发展研究所环境修复研究室主任张国良研究员

中国农业科学院植物保护研究所张桂芬研究员、周忠实研究员、张礼生研究员、王孟卿副研究员、徐进副研究员、刘万学副研究员、王海鸿副研究员

中国农业科学院蔬菜花卉研究所王少丽副研究员

中国农业科学院蜜蜂研究所王强副研究员

中国农业大学农学与生物技术学院高灵旺副教授、刘小侠副教授

国家粮食局科学研究院汪中明助理研究员

中国检验检疫科学研究院食品安全研究所副所长国伟副研究员

中国疾病预防控制中心传染病预防控制所媒介生物控制室主任刘起勇研究员、鲁亮博士、刘京利副主任技师、档案室丁凌馆员、微生物形态室黄英助理研究员

中国食品药品检定研究院实验动物质量检测室主任岳秉飞研究员、中药标本馆魏爱华主管技师

北京林业大学自然保护学院胡德夫教授、沐先运讲师、李进宇博士研究生、纪翔宇硕士研究生

北京师范大学生命科学学院张正旺教授、张雁云教授

北京市天坛公园管理处副园长兼主任工程师牛建忠教授级高级工程师、李红云高级工程师

北京动物园徐康老师、杜洋工程师

北京海洋馆张晓雁高级工程师

北京市西山试验林场生防中心副主任陈倩高级工程师

北京市门头沟区小龙门林场赵腾飞场长、刘彪工程师

北京市农药检定所常务副所长陈博高级农艺师

北京市植物保护站蔬菜作物科科长王晓青高级农艺师、副科长胡彬高级农艺师

北京市水产科学研究所副所长李文通高级工程师

北京市水产技术推广站副站长张黎高级工程师

北京市疾病预防控制中心阎婷助理研究员

北京市农林科学院植物保护环境保护研究所张帆研究员、虞国跃研究员、天敌研究室王彬老师

北京市农业机械监理总站党总支书记江真启高级农艺师

首都师范大学生命科学学院生态学教研室副主任王忠锁副教授

国家海洋局天津海水淡化与综合利用研究所王建艳博士

河北省农林科学院旱作农业研究所研究室主任王玉波助理研究员

河北衡水科技工程学校周永忠老师

山西大学生命科学学院谢映平教授、王旭博士研究生

内蒙古自治区通辽市开发区辽河镇王永副镇长

内蒙古自治区通辽市园林局设计室主任李淑艳高级工程师

内蒙古自治区通辽市科尔沁区林业工作站李宏伟高级工程师

内蒙古民族大学农学院刘贵峰教授、刘玉平副教授

内蒙古农业大学农学院史丽副教授

中国海洋大学海洋生命学院副院长茅云翔教授、隋正红教授、郭立亮博士研究生

中国科学院海洋研究所赵峰助理研究员

山东省农业科学院植物保护研究所郑礼研究员

青岛农业大学农学与植物保护学院教研室主任郑长英教授

南京农业大学植物保护学院院长王源超教授、叶文武讲师、昆虫学系洪晓月教授

扬州大学杜予州教授

上海野生动物园总工程师、副总经理张词祖高级工程师

上海科学技术出版社张斌编辑

浙江大学生命科学学院生物科学系主任丁平教授、蔡如星教授、
农业与生物技术学院蒋明星教授、陆芳博士研究生
浙江省宁波市种植业管理总站许燎原高级农艺师
国家海洋局第三海洋研究所海洋生物与生态实验室林茂研究员
福建农林大学植物保护学院吴珍泉研究员、王竹红副教授、刘启飞讲师
福建省泉州市南益地产园林部门梁智生先生
厦门大学环境与生态学院陈小麟教授、蔡立哲教授、张宜辉副教授、林清贤助理教授
福建省厦门市园林植物园副总工程师陈恒彬高级农艺师、
多肉植物研究室主任王成聪高级农艺师
中国科学技术大学生命科学学院沈显生教授
河南科技学院资源与环境学院崔建新副教授
河南省林业科学研究院森林保护研究所所长卢绍辉副研究员
湖南农业大学植物保护学院黄国华教授
中国科学院南海海洋生物标本馆陈志云博士、吴新军老师
深圳市中国科学院仙湖植物园董慧高级工程师、王晓明教授级高级工程师、
陈生虎老师、郭萌老师
深圳出入境检验检疫局植检处洪崇高主任科员
蛇口出入境检验检疫局丁伟先生
中山大学生态与进化学院/生物博物馆馆长庞虹教授、张兵兰实验师
广东内伶仃福田国家级自然保护区管理局科研处徐华林处长、黄羽瀚老师
广东省昆虫研究所副所长邹发生研究员、入侵生物防控研究中心主任韩诗畴研究员、
白蚁及媒介昆虫研究中心黄珍友高级工程师、标本馆杨平高级工程师、
鸟类生态与进化研究中心张强副研究员
广东省林业科学研究院黄焕华研究员
南海出入境检验检疫局实验室主任李凯兵高级农艺师
广东省农业科学院环境园艺研究所徐晔春研究员
中国热带农业科学院环境与植物保护研究所彭正强研究员、符悦冠研究员
广西大学农学院王国全副教授
广西壮族自治区北海市农业局李秀玲高级农艺师
中国科学院昆明动物研究所杨晓君研究员、陈小勇副研究员、
昆明动物博物馆杜丽娜助理研究员
中国科学院西双版纳植物园标本馆殷建涛副馆长、文斌工程师
西南大学生命科学学院院长王德寿教授、王志坚教授
塔里木大学植物科学学院熊仁次副教授

没有硝烟的战场

——《物种战争》序

谈起物种战争，人们既熟悉又陌生，它随时随地都可能发生。当你出国通过海关时，倍受关注的就是带没带生物和未曾加工的食品，如水果、鲜肉……。因为许多细菌、病毒、害虫……说不定就是通过生物和食品的带出带入而传播的，一旦传播，将酿成大祸，所以，在国际旅行中是不能随便带生物和食品的。

除了人为的传播，在自然界也存在着一条“看不见的战线”，战争的参与者或许是一株平凡得让人视而不见的草木，或许是轻而易举随风飘浮的昆虫，以及肉眼看不见的细菌……它们一旦翻山越岭、远涉重洋在异地他乡集结起来，就会向当地的土著生物、生态系统甚至人类发动进攻，虽然没有硝烟，没有枪声，却无异于一场激烈的战争，同样能造成损伤和死亡，给生物界和人类以致命的打击。正因如此，北京自然博物馆科研人员创作的这套丛书之名便由此而就《物种战争》，既有“地道战”“化学武器”“时空战”“潜伏”“反客为主”“围追堵截”“逐鹿中原”，又有“双刃剑”“魔高一尺，道高一丈”“螳螂捕蝉，黄雀在后”。可见，物种战争的诸多特点展示得淋漓尽致。

我不是学生物的，但从事地质工作，几乎让我走遍世界，没少和生物打交道，没少受到这无影无形物种战争的侵袭：在长白山森林里被“草爬子”咬一次，几年还有后遗症；在大兴安岭，不知被什么虫子叮一下，手臂上红肿长个包，又痛又痒，流水化脓，上什么药也不管用，后来，多亏上海军医大一位搞微生物病理的教授献医，用一种给动物治病的药把我这块脓包治好了。有了这些经历，我深深感到生物侵袭的厉害，更不用说“非典”“埃博拉”……是多么让人恐怖了！越是来自远方的物种，侵袭越强。

我虽深知物种侵袭的厉害，但对物种战争却知之甚少。起初，作者让我作序，我是不敢接受的。后经朋友鼎力推荐，我想，何不先睹为快呢，既要科普别人，先科普一下自己。不过，我担心自己能不能读懂？能不能感兴趣？打开书稿之后，这种忧虑荡然无存，很快被书的内容和写作形式所吸引。这套丛书不同于一般图书的说教，创作人员并没有把科学知识一股脑地灌输给读者，而是从普通民众日常生活中的身边事说起，很自然地引出每个外来入侵物种的入侵事件，并以此为主线，条分缕析，用通俗的语言和生动的事例，将这些外来物种的起源与分布、主要生物学特征、传播与扩散途径、对土著物种的威胁、造成的危害和损失，以及人类对其进行防控的策略和方法等科学知识娓娓道来。同时，还将公众应对外来物种入侵所应具备的科学思想、科学方法和生态道德融入其中，使公众既能站在高处看待问题，又能实际操作解决问题。对于一些比较难懂的学术概念和名词，则采用“知识点”的形式，简明扼要地予以注释，使丛书的可读性更强。

为了保证丛书的科学性，创作者们没有满足于自己所拥有的专业知识以及所查阅的科学文献，而是深入实际，奔赴全国各地，进行实地考察，向从事防控外来物种入侵第一线的专家、学者和科技人员学习、请教，深入了解外来物种的入侵状况，造成的危害，以及人们采取的防控措施，从实践中获得真知。

这套丛书的另一个特点是图片、插图非常丰富，其篇幅超过了全书的1/2，且绝大多数是创作者实地拍摄或亲手制作的。这些图片与行文关系密切，相互依存，相互映照，生动有趣，画龙点睛，真正做到了图文并茂，让读者能够在轻松愉悦中长知识，潜移默化地受教育。

随着国际贸易的不断扩大和全球经济一体化的迅速发展，外来物种入侵问题日益加剧，严重威胁世界各国的生态安全、经济安全和人类生命健康；我国更是遭受外来物种入侵非常严重的国家，由外来物种入侵引发的灾难性后果已经屡见不鲜，且呈现出传入的种类和数量增多、频率加快、蔓延范围扩大、发生危害加剧、经济损失加重的趋势。这就要求人们从自身做起，将个人行为与全社会的公众生态利益结合起来，加强公共生态道德教育，提高全社会的防范意识和警觉性，将入侵物种堵截在国门之外。

如今，物种战争已经打响，《孙子兵法》说：“多算胜，少算不胜，而况于无算乎！”愿广大民众掌握《物种战争》所赋予的科学武器，赢得抵御外来物种侵袭战争的胜利。

中国科学院院士
中国科普作家协会理事长　刘嘉麒

2014年10月于北京

目录

引言

说起潜伏，许多人会想到古希腊神话中的木马计。勇士们藏在木马的肚子里，静静地等待时机。当敌人放松警惕，打开城门迎接时，等待他们的却是一次“完美”的突袭。这在人类的战争中已被演绎得淋漓尽致，而物种之间爆发的战争，又赋予了它新的意义。

有些外来物种(如桉树枝瘿姬小蜂、椰心叶甲、松材线虫等)大多数时间都潜伏在寄主体内，等人们发现它的危害时，已损失惨重；而在人类主导的反击战中，一批批潜伏高手——善于寄生在敌害体内的战士(如寄生蜂等)则成了奇兵。战争并未尘埃落定，有些外来物种(如紫茉莉、秋英、巨藻等)尚未被人们所熟识。它们是在潜伏吗？时间会来证明。

椰心叶甲

Brontispa longissima (Gestro)

经济全球化，使我们与世界的往来日益频繁，也使外来物种入侵的风险大大增加。椰心叶甲为我们敲响了警钟，每一个人都应该牢记，外来有害生物入侵后，一旦定殖成功，治理起来就会非常困难。因此，小小的失误可能带来无法挽回的损失。

从传说中走来

椰风海韵构筑了海南岛秀美的风光，来过这里的人都对夕阳里婆娑摇曳的椰子树难以忘怀。椰子树巨大的羽毛状叶片从树梢伸出，撑起一片伞形绿冠。站在椰子树下，仰望一片片绿叶像孔雀尾巴一样，好看极了！而在高大笔直的树干上部，结着一串串圆滚滚的椰子果，让人垂涎欲滴。在这片土地上，除了和海有关的事物外，就是成片生长的椰林或者在乡间村陌中孤高的三两棵椰子树。史书上最早记载椰子的是司马迁的《史记·司马相如列传》中所引的司马相如的《上林赋》，当时把椰子称为“胥邪”，此外还有“邪木”“无叶”等叫法，后来才叫它“椰子”，据明朝李时珍的解释是“南人称其君长为爷，则椰取于爷义”，可见人们对椰子树的尊敬。

对于生活在海南岛的人们来说，椰子树更是承载着太多的情感寄托。岛上关于它的来历就有很多传说：东部文昌、琼海一带传说，椰子树为掌管生命的太阳神和掌管美丽的月亮神之女所化，她飞了九九八十一天才来到海南落地生根，长发变成了羽状的椰子叶；南部陵水、三亚、乐东一带传说，南海龙王五太子不甘海底生活单调寂寞，来到海南，化作椰子树为民众遮风挡雨，椰子水和树根还可以入药治瘴痍之症；西部儋州、临高一带传说，古代南方部落骆越王爱民如子，却在一个酒醉的深夜被谋反的部下杀害，头颅被挂在树上，最后化作挺拔椰子树上的椰子果；中部五指山一带传说，古代五指山下的青年猎手柯椰，与村中姑娘娲子相恋，在与垂涎娲子美貌的村霸搏斗时，柯椰不幸被暗箭射死，身躯化为椰子树，娲子飞入大树怀抱，乳房化作椰子果。

这些奇特的传说故事，都表达了人们对仁爱、坚韧的椰子树的歌颂。

司马相如与夫人卓文君

据统计，海南岛的椰子树多达2600万株。它们不仅是海南岛最具特色的风景树，也是效益非常高的经济树，是当地旅游和农业的主要支柱。椰子全身是宝，明朝丘浚在《南溟奇甸赋》中就称椰子“一物而十用其宜”。时至今日，椰子早已从“一物十用”发展到了以椰子为原料生产食品、日用品、工艺品等360多种用途。

除了其果汁、果肉可鲜食，以及演变成的椰子船、椰香粑米果、椰奶清补凉等花样百出的海南风味名小吃外，椰肉还可加工成椰干、椰蓉、椰奶等产品，也可以进一步加工成椰子糖、椰奶粉、椰蛋白、椰奶饼、椰子露、椰蛋卷、椰子酱、椰奶酪、椰奶麦乳精、椰子冰激凌和椰子酒等。宋朝苏东坡“美酒生林不待仪”的诗句说的就是椰酒自然生成，饮之甘甜清冽，不用仪狄（禹时善酿酒者）去酿作。

椰子果

此外，椰子水现在经过发酵加工，可以制成凝固的“椰果”，用于制作果冻。椰肉加工的副产品椰麸可作精饲料。从椰肉中榨出的椰子油是椰子加工产业的“黄金产品”，不仅可作食用油，而且是一种重要的化工原料，在制作高级肥皂、洗发精、化妆品中广泛运用，椰子油制皂过程中的副产品甘油还可制造药品、油漆、火药等。椰子树干是坚硬的用材。椰衣中的纤维可制作地毯、高级床垫、汽车坐垫、隔音板、绳索、花篮等。椰壳烧制成的椰壳炭可加工成优质活性炭，附加值更高。

椰壳可嵌雕成各种具有海南岛特色的椰雕传统手工艺品。椰雕的历史渊源悠久，其雏形可追溯到中唐宣宗大中元年(847年)，古时常被进贡朝廷，因而有“天南贡品”之誉。椰雕工艺有平面浮雕、通雕(镂空)、沉雕、圆雕、拼合、嵌贝等种类，一件高水准的椰雕作品，要经过选料、造型、雕刻、嵌镶、镶锡、打磨、上光等多道工序，小至餐具、文具、项链、挂饰、乐器椰胡，大至镶贝花瓶、椅柜，从挂件、摆件到家居用品，可谓应有尽有。

“椰风海韵”遭遇生死劫难

2002年，海南岛美丽的椰林遭受了一场“恐怖袭击”。在海口，有市民反映，凤翔路及南海大道的马路两旁，以前这里的椰子树树叶都是绿绿的，但近来有20多棵椰子树的树叶逐渐枯黄，而且有的树心都枯死了。无独有偶，在三亚，三亚湾路沿途的椰子树的树心也成片地枯死，其状惨不忍睹！

事实上，当时在海南岛的许多地方，椰子树的叶子都开始变黄甚至出现枯萎，病怏怏的无精打采，严重的甚至整棵椰子树都死了。更可怕的是，这种状况像瘟疫一样在椰子树间传播。

这到底是怎么回事呢？原来，制造“恐怖袭击”的“恐怖分子”是一种外来入侵昆虫——“椰子虫”。在很短的时间内，“椰子虫”几乎横扫了全省的所有市县，造成椰子树大片大片枯黄。如果不加以控制，海南岛的椰子树将有全部死亡的危险！

如果椰子树不保，以椰子为原料的产业将遭受严重的打击，农民的生产生活也将受到严重的影响，“一旦椰子没有了，很多人都要失业！”如果任凭“椰子虫”肆虐，将会给海南岛的自然景观、生态环境、农业经济和旅游业造成难以挽回的损失。那么，“椰子虫”是一个怎样的厉害角色呢？

“椰子虫”有一个独特的“爱好”，就是专门挑选未展开的椰子树幼嫩心叶来吃，因此，它的“大名”叫作椰心叶甲*Brontispa longissima* (Gestro)，又名红胸叶虫、椰子扁金花虫、椰子棕扁叶甲、椰子刚毛叶甲等，在分类学上隶属于鞘翅目叶甲总科铁甲科潜甲亚科。椰心叶甲成虫大小不同，大的是雌性，小的是雄性。它的体形稍扁，个体较小，成虫的体长为8~10毫米，宽度最多有2毫米，显得体态细长、匀称，正适

椰心叶甲破坏了海南岛美丽的景色

合它在肥厚的椰子树叶上生存。其前胸背板红黄色，具有100个以上粗而不规则的刻点。鞘翅有时全为红黄色，有时后面部分甚至整个鞘翅全为蓝黑色，因此也有人叫它“美女害虫”。不过，有着美丽仪态的椰心叶甲却有一副蛇蝎心肠，它潜伏于未展开的椰子心叶中，以成虫、幼虫两种虫态为害，专门啮噬叶肉。一片叶上往往有多头椰心叶甲为害，甚至高达数百头。它们沿着椰叶叶脉咀嚼叶的表皮组织，叶表留下与叶脉平行的狭长褐色条纹。这些条纹形成狭长伤疤，又随心叶伸展呈现大型褐色坏死区，严重时顶部叶片均呈现火燎焦枯状，最终引起心叶失水枯死，甚至整个植株都衰败枯死。成虫、幼虫将心叶食尽或在心叶全部开放后，又转向别处心叶下手。

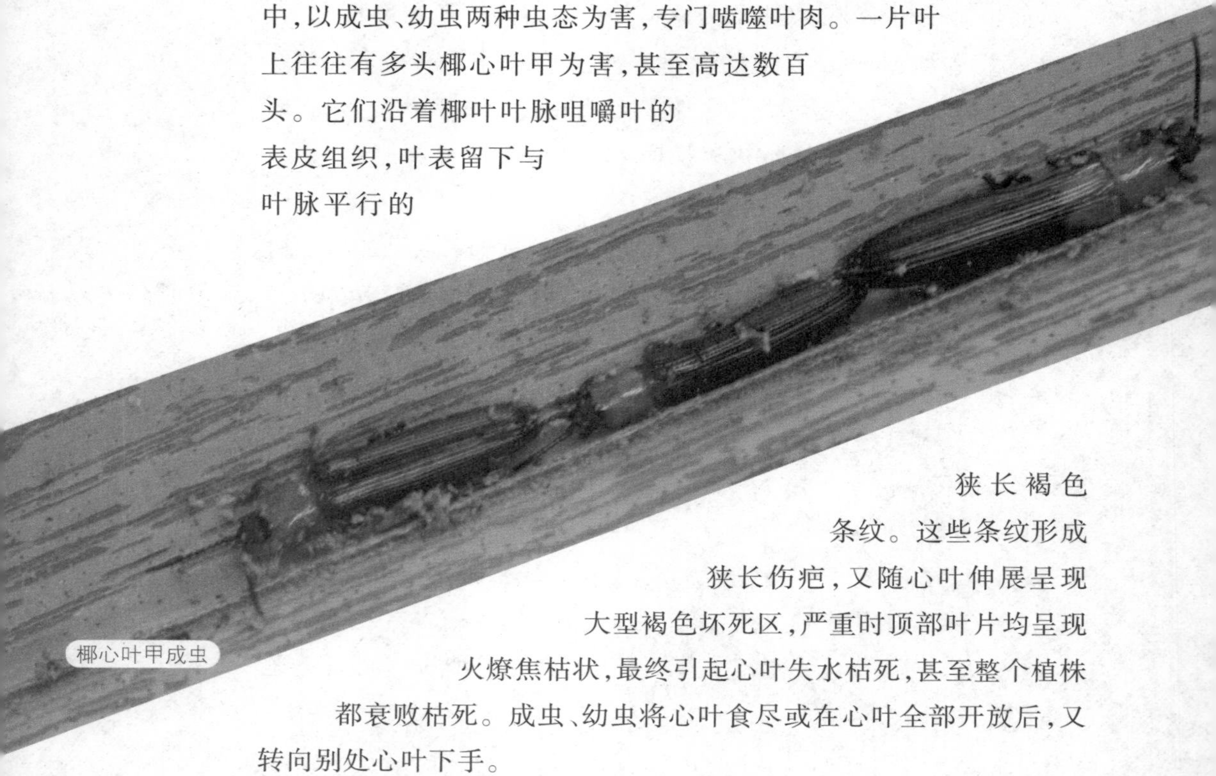

椰心叶甲成虫

椰心叶甲每年发生3~6代，世代重叠，完成一个世代需要52天，代数及发育速度因地而异。雌虫选择心叶的基部产卵，单个产下或排成短的纵行，每只雌虫可产卵100余粒。卵粒以一端黏附在叶的边缘。卵周围一般有成虫排泄物及植物的残渣。卵期4~5天。卵为长椭圆形，卵壳表面有细网纹，网纹呈多菱形，卵的颜色有褐色、淡黄色、绿色，但多数为褐色。

椰心叶甲的幼虫有4~5个龄期，历经30~40天。幼虫从小到大体色有白色、乳白色、淡黄色、黄色，通体透明，像成虫一样扁扁平平的。仔细观察可以看到体液在动。幼虫潜叶，喜聚集在新鲜心叶内取食。老熟幼虫经过3天的预蛹期，在腐烂或展开的叶片内化蛹。蛹的头部有一个突起，位于两触角之间，胸背板明显，尾铗细长，羽化时随脱皮的蜕一起脱落。刚化蛹时，蛹体表面光亮，呈半透明状态，以后蛹体表颜色变深变暗。蛹期为5～7天。成虫羽化后约经12天才发育成熟。成虫惧光，喜欢聚集在未展开的心叶基部活动，见光即迅速爬离，寻找隐蔽处。它们具有一定的飞翔能力及假死现象，可近距离飞行扩散，但比较慢，白天多缓慢爬行。成虫的寿命为2～3个月。

椰心叶甲的原产地是印度尼西亚、澳大利亚、巴布亚新几内亚及所罗门群岛等太平洋岛屿国家。它是一种毁灭性害虫，主要为害椰子、酒瓶椰子、西谷椰子、大王椰子、亚历山大椰子、槟榔、卡喷特木、假槟榔、油椰、棕榔、鱼尾葵、山葵、刺葵、蒲葵、散尾葵、大王棕、雪棕等棕榈科多种重要经济林木及绿化观赏林木，是世界性棕榈科植物的重要害虫。因此，我国有关部门早已对它严阵以待。早在1992年，《中华人民共和国进境植物检疫危险性病、虫、杂草名录》就将椰心叶甲列为植物检疫二类危险性害虫。此后，我国检疫部门多次截获了

椰心叶甲的一生

幼虫对椰子树心叶的为害

椰心叶甲，将其阻断在国门之外。例如，1994年，我国首次在海南省截获椰心叶甲；1999年，南海口岸6次从台湾进口的华盛顿椰子和光叶加州蒲葵中截获椰心叶甲；2000年，在广西凭祥市浦寨边贸点对一批50株来自越南的椰子树苗实施检疫时截获椰心叶甲，这也是我国口岸首次从越南入境的树苗中截获这一外来入侵物种；2001年，深圳市某花木林场及广西凭祥都从进口棕榈苗上截获了椰心叶甲。2001年，我国农业部、国家林业局、国家出入境检验检疫局联合发布公告，要求加强检疫严防椰心叶甲传播入境。

不过，椰心叶甲最终还是入侵了我国海南岛。

事实上，椰心叶甲早在1975年就已经由印度尼西亚传入了我国的另外一个宝岛——台湾，当时受害树苗约4000株，而1978年受害植株已达40000株以上，到20世纪80年代末，枯死的椰子树已逾10万株以上。1985年，香港也首次发现了椰心叶甲，对当地的华盛顿葵、槟榔的危害最为严重，受害株率达到100%；其次是椰子、王棕、日本葵、假槟榔、蒲葵、散尾葵等。椰心叶甲到底是怎么传入海南岛的呢？目前还没有一个准确的说法。很多专家认为，椰心叶甲是有人违规从东南亚虫害疫区引进棕榈科苗木，而将它们带进海南岛内的。

椰心叶甲的成虫可以短距离飞行，一般不会超过3米，但它借助风力可以辐射2000米以上的范围，遇到大台风，传播速度会更快。如果附着他物，椰心叶甲亦可漂洋过海。例如，在2002年8月，正危害着海南岛椰子树的“椰子虫”，即飞越琼州海峡“偷袭”湛江市的棕榈科家族；2005年，第18号台风“达维”过后，海南岛全境的椰心叶甲疫树竟然猛增了约60万株！

在“袭击”了海南岛之后，“椰子虫”继续向北挺进，蔓延到广东省的广州、深圳、珠海、东莞、中山、茂名、阳江、清远、韶关等地以及广西、福建的沿海地区，大约有超过20万株的棕榈科植物深受其害，也严重破坏了这些地区的生态环境。

椰子果

椰心叶甲由于在资源生态位上没有竞争对手，所以易于侵入，而一旦侵入，就会占据并充分利用这个资源生态位——心叶，来进一步发展种群，并定居、扩散。椰心叶甲深藏于心叶，再加上椰子树十分高大，所以占据了“易守难攻”的有利地形，致使人们施药比较困难，喷雾、淋灌等方式药液很难触及，注射施药效果差，给防治带来了很大的困难。

不过，椰心叶甲没有读过《三国演义》，不知道马谡因在山上安营扎寨致使街亭失守的故事。所以，到2003年年底，我国科学家研制应对居高临下的椰心叶甲的“挂包法”率先取得进展。挂包法比传统化学防治方法更具有明显效果，是椰心叶甲化学防治上的一个重大进步。它就是将药包固定在植株心叶上，让药包内的“椰甲清粉剂”药剂随雨水或人工淋水自然流到害虫危害部位从而杀死害虫。只要药包中还有药剂剩余，一旦下雨，雨水会带着药剂流向叶心起到杀虫作用。因此，挂包法不仅没有喷灌引起的雾滴飘移污染，而且药剂只流向害虫危害部位，药剂有效利用率高，大大减小对环境的污染，而且持效时间长。

经过防治的疫区虫口密度和疫情自然扩散速度明显降低，染虫植物大多恢复生长，重新长出嫩绿新叶。海南岛椰心叶甲疫情得到一定程度遏制，防治工作逐步从被动转向主动。

交配中的椰心叶甲

双蜂出击

由于椰心叶甲是外来入侵物种，在海南岛未发现自然天敌，因此对它的危害首先是采用化学防治的办法。不过，以人工爬树挂药包和靠天降雨淋溶药粉灭虫，在旱季的半年时间里效果甚微，难以根治。

于是，人们还是把目光转向了生物防治。生物防治除了可杀死目标害虫外，更重要的是能建立起有益的生物种群，可以发挥长期制约外来入侵物种的作用，恢复由于外来物种入侵造成的生态剧烈动荡。据国外报道，椰心叶甲的重要天敌有5种，包括3种卵寄生蜂、1种幼虫寄生蜂和1种蛹寄生蜂。卵寄生蜂为赤眼蜂科的椰心叶甲赤眼蜂、爪哇分索赤眼蜂和跳小蜂科的1种卵跳小蜂，幼虫寄生蜂为姬小蜂科的椰甲截脉姬小蜂，蛹寄生蜂为姬小蜂科的椰心叶甲啮小蜂。

经过专家慎重研究，海南岛从2004年开始，分别从台湾省引进了椰心叶甲的蛹寄生性天敌——椰心叶甲啮小蜂，从越南引进了椰心叶甲的幼虫寄生性天敌——椰甲截脉姬小蜂，经过一段时间的大棚放养实验后，正式在野外放飞。这批被秘密训练的杀手，要凭着嗜血的本能去追杀“椰子虫”。

椰心叶甲啮小蜂原产于印度尼西亚，是椰心叶甲蛹的专性寄生蜂，可以寄生在椰心叶甲的老熟幼虫和蛹体内。它的最佳适应温度为24～28℃，在此温度下，椰心叶甲啮小蜂发育历期较短，寄生能力强，且在生产上有较高的繁殖量。在28℃时，从产卵到羽化出蜂一共只需15天左右的时间；16℃下发育则会延长到50天。椰心叶甲啮小蜂一年发生多代，一头寄主可被多头寄生蜂寄生，寄主出蜂量大。不过，椰心叶甲啮小蜂寄生能力受温度影响较大，28℃以下寄生率随温度下降而下降。

在海南岛释放的椰心叶甲啮小蜂，在田间椰心叶甲蛹的寄生率可达85%左右，每一代（约20天）能扩散1000米，扩散高度达12米，防治效果较好。经多次释放后，椰心叶甲啮小蜂在椰林可以建立种群，不仅有良好的控害作用，而且对其他有益昆虫也很安全。

椰心叶甲啮小蜂卵、幼虫、蛹都在寄主体内生活，当羽化为成虫后，便从椰心叶甲体内钻出。它通常选择椰心叶甲蛹腹部腹面第3~6节，体壁最薄的地方，伸出尖利的上颚啃咬，将椰心叶甲蛹的体壁一点一点地咬掉，接着它先伸出触角，并继续啃咬寄主蛹体壁，直至头部可以伸出洞口时才停止，稍事休息几秒钟，调整一下姿势后，便把头和一只前足先伸出洞外，再把自己的胸部拉出来，中、后足也紧跟着出来，此时腹部和翅也就都很轻松地出来了。

椰心叶甲啮小蜂羽化不久即能交配。雄蜂一生能交配多次，雌蜂通常也有几次交配。雄蜂十分活跃，在寄主周围来回爬动，搜索配

椰心叶甲的寄主——酒瓶椰子

椰心叶甲的寄主——鱼尾葵

偶，在与其他同类相遇时，两者的触角便相互接触、叩击，进行信号交流。当确认对方为雌蜂后，雄蜂就迅速爬到雌蜂的背上，而雌蜂则会继续向前爬行，因而有时其背上的雄蜂会被甩下来。当雌蜂不动时，雄蜂两翅平伸略向下倾，以协助保持平衡，完成交配过程。当多对成虫在一起时，雄蜂之间有明显的交配竞争行为，正在交配的雄蜂会受到其他雄蜂的干扰，雌蜂则会爬行躲避，因而部分交配过程会因此受到干扰或中断。

交配后的雌蜂搜索到新的寄主后，就在寄主身体上爬动，对寄主进行选择。它在合适的寄主身体上爬行一会儿后，通常选择在寄主的第2～5腹节产卵。它的腹部紧贴在椰心叶甲蛹的体壁上，腹部上下摆动，然后迅速将产卵器插入蛹体，此时寄主蛹会有反抗行为，但已无济于事。产卵时，雌蜂的产卵器与蛹成直角，经过一定时间的静止，完成产卵过程。整个产卵过程需要5～10分钟。每头寄主身上可有多头

天敌——椰心叶甲啮小蜂

椰心叶甲的蛹

椰心叶甲啮小蜂同时进行产卵，每头雌蜂也可以在不同寄主上产卵。椰心叶甲啮小蜂的卵被产于寄主表皮下的脂肪体组织内，多粒卵集中在一起。被寄生的椰心叶甲5龄幼虫或蛹在第4天后即死亡，以后渐渐变成僵尸状。椰心叶甲啮小蜂雌蜂在未经交配情况下也可以进行孤雌生殖，但其后代均为雄蜂，这种情况叫作孤雌产雄生殖。

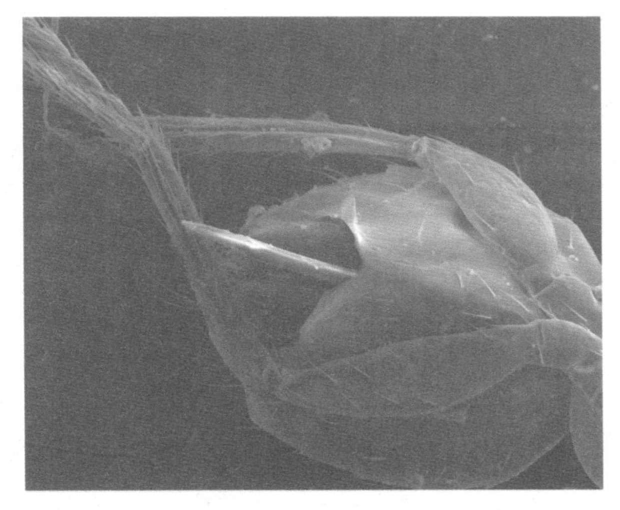

椰甲截脉姬小蜂产卵器电子显微镜图

椰甲截脉姬小蜂的攻击手段与椰心叶甲啮小蜂类似，针对性都特别强，原产于萨摩亚和巴布亚新几内亚，是另外一种控制椰心叶甲的有效寄生性天敌。它是椰心叶甲4龄幼虫寄生蜂，和椰心叶甲啮小蜂在防治椰心叶甲的利用上有互补性。它的发育历期较短，一年发生多代。一头寄主可被多头寄生蜂寄生，寄主出蜂量大。释放的椰甲截脉姬小蜂在海南岛各地均已经定殖。

椰甲截脉姬小蜂在温度为22～26℃时，卵期平均为2.8天，幼虫期6.7天，蛹期（含预蛹期）7.5天。成虫在没有营养补充的情况下，平均存活2.5天，雌蜂平均怀卵量为43粒，产卵高峰期在交配后12小时内。交配时雌蜂静止不动，雄蜂则把身体紧贴在雌蜂的背部，用前、中足紧抱雌蜂的胸部，两后足则整理雌蜂的翅及腹部，雌蜂身体不动，只摆动触角，雄蜂边摆动触角边把腹部压向雌蜂腹部的后外侧，并用力把腹部弯曲，绕过雌蜂的腹侧（通常是右侧），这时雌蜂也开始扭动腹部略做配合，便完成交配。整个过程需要1～3分钟。交配后的雌蜂搜索到合适的寄主后，在寄主的身体上爬行，进行寄主的选择，4～5分钟后迅速将产卵器插入椰心叶甲幼虫体内，这时寄主幼虫会有所反抗。产卵时，雌蜂的腹部与寄主幼虫成直角，经过一定的静止时间，完成产卵过程。每头寄主上可有多头寄生蜂同时进行产卵，每头雌蜂也可以在不同寄主上产卵。发育完全的椰甲截脉姬小蜂成虫用口器咬破寄主体壁，形成圆形出蜂孔，直径略大于成虫的头宽，触角先探出，然后头部和前足，最后整个身体钻出。

利用寄生蜂防治椰心叶甲有两种放蜂方法。一是从外面打压，即释放寄生蜂成虫，把刚羽化的寄生蜂接入指形管内，用5%的蜜糖水饲喂后，直接将装有寄生蜂的指形管固定于椰心叶甲寄主的叶鞘处，打开指形管放蜂即

椰心叶甲的寄主——三角椰子

可。放蜂时间应选择晴天，温度在25～30℃之间，无雨，阵风5级以下，可以每周放蜂1次，连续释放3～4次，后期再根据棕榈植物危害情况适当补充。二是从内部瓦解，即释放被寄生蜂寄生的椰心叶甲幼虫或蛹，这种方法通常要制作专门的放蜂器。释放寄生蜂的数量和次数，需根据椰心叶甲的虫口密度而定，通常需要持续放蜂6个月后才会有防治效果。放蜂点要求选在棕榈植物密度较高，而且椰心叶甲危害较重的地方，这样有利于寄生蜂自然种群的培育。放蜂点生态环境应具备较多的蜜源植物，长年有开花植物的地方更佳，这样有利于寄生蜂在找到寄主寄生之前有营养进行补充。最好选在椰林的上风口释放，这样有利于寄生蜂的扩散。

海南岛自2005年开始大规模利用椰心叶甲啮小蜂和椰甲截脉姬小蜂来防治椰心叶甲，每年的寄生蜂产量可达5亿头左右。经过几年来大规模的野外释放，受害椰子树、槟榔等棕榈植物长势得到了恢复，取得了明显的防治效果。这两种寄生蜂分别寄生于椰心叶甲的不同发育阶段，已经形成了对椰心叶甲防治过程中的两道封锁线，椰心叶甲的危害得到了有效的遏制。

第二类杀手

椰心叶甲啮小蜂和椰甲截脉姬小蜂使用的只是常规战术，有点儿像希腊人攻破特洛伊城时使用的“木马计”。除这两种小蜂之外，还有一个狠角色，它的攻击手段会让对手心胆俱裂，这就是我们要说的金龟子绿僵菌。

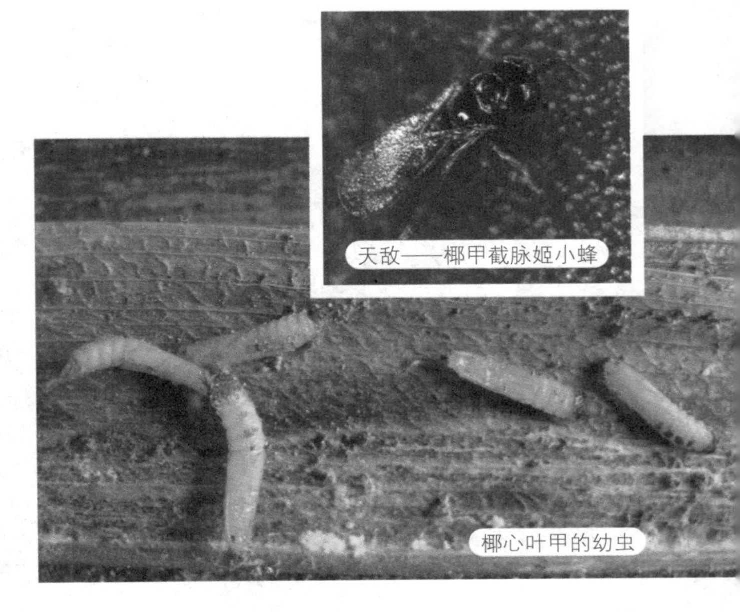
天敌——椰甲截脉姬小蜂

椰心叶甲的幼虫

绿僵菌是一种重要的昆虫病原真菌，是一种

广谱性杀虫真菌，其寄主范围很广，对甲虫类侵染寄生尤为常见。自1879年俄国梅契尼科夫首先发现并利用金龟子绿僵菌做了防治金龟子的试验后，就引起了世界各国的重视，已有许多国家包括美国、巴西、澳大利亚、菲律宾等将绿僵菌应用于害虫的防治工作。

在海南岛等地遭受椰心叶甲入侵之后，我国科学家成功从众多绿僵菌中筛选出针对椰心叶甲的金龟子绿僵菌高毒力毒株。随后，他们集中力量在生产工艺、剂型研制、林间使用技术等方面取得进展。绿僵菌能够持续控制椰心叶甲种群增长，大面积防治效果显著。这为椰心叶甲的生物防治寻找到持续控制的方法和途径。

金龟子绿僵菌是一种比较安全有效的虫生真菌，具有致病力强、寄主范围广、对人畜无害、不污染环境、无残留、害虫不易产生抗药性等优点。

椰心叶甲成虫和幼虫被金龟子绿僵菌感染后，最初表现为活动迟缓，食量减少，而后幼虫虫体僵化，成虫表现停止活动，接着从幼虫体表上或从成虫头部、胸部及腹部的节间缝隙长出白色菌丝体，最后绿色孢子堆覆盖整个虫体或长出菌丝体的部位。利用扫描电子显微镜对绿僵菌

工作人员在调查椰心叶甲的为害情况

侵染椰心叶甲的部位及侵染过程进行研究，结果发现，椰心叶甲体表面自然感染绿僵菌的部位不仅在腹部与前胸的节间膜处，在腹部的两侧以及腹末节腹板的尾部也都观察到了大量已形成与感染密切相关的结构物质——侵染钉以及菌丝、孢子等。结果看似简单，过程却很复杂。侵染过程可以分为分生孢子附着、出现分枝、长出芽管、大量聚合和入侵体内，最终绿僵菌分生孢子附着在节间膜上进入椰心叶甲体内，并在虫体内大量繁殖，产生毒素，形成圆筒状孢子，导致寄主死亡。

金龟子绿僵菌对椰心叶甲的侵染是椰心叶甲与病原菌之间的生理生化作用的综合结果。在侵染过程中，金龟子绿僵菌分泌各种相应的酶（如蛋白酶、几丁质酶、脂酶等），形成特殊结构（如附着胞、穿透钉、穿透菌丝、穿透板等），同时要克服椰心叶甲体表某些物质的抑制作用及昆虫体内的一系列免疫活动。金龟子绿僵菌入侵前会选择内含丰富营养物质的虫体，入侵时分泌酶消解表皮，打通通道，从而使侵染得以成功。孢子在椰心叶甲表皮上黏附是侵染的前提，也是侵染的开始。分生孢子黏附于椰心叶甲表皮后，孢子受体表有关活性物质（如选择性蛋白质）的刺激而萌发产生长短不等的芽管。芽管依靠菌丝先端分泌的黏液黏附在上表皮表面，芽管酸、蛋白质、糖类、类脂等一般的营养物就能使金龟子绿僵菌分生孢子发芽。金龟子绿僵菌穿透昆虫体壁后即在昆虫体内发育同时产生破坏菌素。破坏菌素作为免疫抑制因

知识点

触角电位技术

昆虫触角的嗅觉功能在其定位寄主、取食、找寻配偶及适宜的产卵场所的选择方面具有重要意义。触角电位技术在昆虫学试验中被广泛使用，它主要用于检测那些通过触角来感知世界的昆虫，是直接检测昆虫对挥发性物质化学信号反应的电生理方法。具体说来，触角电位技术就是将活昆虫的触角的基部和顶部分别连以参考电极和记录电极，当用化学物质去刺激触角时，其上面的感受器就会产生神经脉冲。这些脉冲的累加效果可由记录电极传至放大器、记录仪等，并对这些信号加以分析。

椰心叶甲的寄主——槟榔

子，能够限制和削弱椰心叶甲的正常防御反应，最终导致其死亡。

金龟子绿僵菌对椰心叶甲的入侵和增殖过程，实际上是椰心叶甲与病原菌之间的相互抑制、相互斗争的过程。椰心叶甲在遇到微生物或其他寄生生物侵染时，它的防御首先是外部的屏障作用防御，包括体壁和消化道的防御；其次是血腔内的天然防御反应，即细胞防御和体液防御。

金龟子绿僵菌主要由椰心叶甲的体壁侵入体腔，因此体壁的构造和防御机能对真菌的侵染尤为重要。昆虫体壁上有许多脂肪酸，它们对真菌的作用是抑制性的而非杀菌剂，可能是通过使孢子萌发代谢紊乱（影响酶的分泌和合成）而达到抑制的目的。

试验表明，绿僵菌粉剂在较短的时间内能引起椰心叶甲两次发病或者多次发病，因此可以认为绿僵菌在椰林椰心叶甲种群中可以发生连续感染，即初期感染和后期感染。初期感染是由于大量的绿僵菌孢子施用林间后，敏感宿主（椰心叶甲幼虫、蛹、成虫）直接与体壁接触而引发的感染。最可怕的是，这些病虫成为新的传染源，经过某些传播因素，该病原体继续对新的敏感宿主侵染，之后形成新的感染，就像多米诺骨牌效应一样。在第二次感染中，也可能有部分初期感染的宿主。第二次感染的出现首先说明病原可以在自然条件下成功地繁殖，产生大量可侵染的孢子；其次，该病原可以在非人为的作用下通过有效的传播途径而转移到新的敏感宿主体内，并定位繁殖。绿僵菌经过一次引入椰林后，可向其周围环境传播扩散，表现出随距离病原地的增加，感染率逐渐降低，随流行时间的延长，感染率先升高后降低的规律。影响因素除了椰心叶甲自身的扩散能力外，还和风力、地势等因素有关。

相对于化学药物，绿僵菌具有防治成本低，对环境友好，专一性好，对其他生物无害的优点。不过绿僵菌对环境比较敏感，高温、大雨天气会严重影响防治效果。

另外，绿僵菌对椰心叶甲的天敌椰心叶甲啮小蜂和椰甲截脉姬小蜂安全，不影响两种小蜂对椰心叶甲蛹和幼虫的寄生。在一定程度上可以说绿僵菌和这两种天敌对椰心叶甲的控制作用是累加的。我国南方地区气候高温多湿，比较适宜真菌的生长寄生；另外，寄生蜂还能够携带绿僵菌孢子粉，增加椰心叶甲感染绿僵菌的概率，造成绿僵菌流行病的发生。因此，将绿僵菌侵染和寄生蜂寄生两种措施有机结合来控制椰心叶甲，具有非常广阔的应用前景。

植物挥发物来帮忙

植食性昆虫根据来自植物及其周围环境的物理和化学信号寻找寄主植物，如形状、位置、颜色、声音、气味等。其中，气味是最为主要的信号。植物释放的挥发性气味与昆虫的辨别判断行为是息息相关的，科学家通过试验发现，椰心叶甲雌虫对植物气味的敏感性要大于雄虫，这与雌虫由于产卵繁殖后代的需要，可能要比雄虫更快、更精确地找到寄主植物有关。

植物的挥发性物质有助于植食性昆虫搜寻寄主植物，也可引诱天敌，有助于天敌选择栖境和搜寻寄主昆虫。植物在遭受植食性昆

椰心叶甲为害后，椰子树的树心成片地枯死

椰子叶的挥发物能招来椰心叶甲取食，但
受害后又能招来椰心叶甲啮小蜂“潜伏”

虫的攻击后，可主动或被动释放
出挥发性化合物，该类挥发性化合物具有吸引
植食者天敌的作用，可以有效地调节植物、植食性昆虫和天敌三者之间的相互关系，进而达到防御植食性昆虫的目的。例如椰甲截脉姬小蜂可寄生椰心叶甲各龄幼虫，受害椰子叶挥发物对椰甲截脉姬小蜂的引诱作用是由椰心叶甲3龄幼虫取食诱导产生的，而不是来自于未受害心叶、机械损伤心叶、椰心叶甲幼虫本身及其粪便。同样，以椰子—椰心叶甲—椰心叶甲啮小蜂三级营养关系为代表的研究结果表明，2～5龄椰心叶甲幼虫为害24小时后的椰子心叶对椰心叶甲啮小蜂具有明显的引诱作用。

一些研究表明，植食性昆虫口腔分泌物对天敌具有引诱作用。例如椰心叶甲幼虫为害心叶对椰心叶甲啮小蜂具有引诱作用，而其成虫为害心叶却没有，专家推测可能是由于椰心叶甲成虫和幼虫口腔分泌物不同导致的。

通过对比健康心叶在受害前后挥发物的种类变化情况，科学家发现虫叶复合体的挥发性物质比健康椰子心叶多出了6种物质。其中有一些已经在多个前人的实验中证明是植物在昆虫为害后新合成的，因此推测它可能是构成椰心叶甲啮小蜂与虫害椰子心叶间化学联系的信息化合物。

事实上，鉴于椰心叶甲是一种世代重叠的昆虫，在被其为害的棕榈植物心叶中通常能找到其各个虫态，而椰心叶甲啮小蜂又是一种蛹寄生蜂，进而推测其远距离寻找寄主的方式，很可能是利用椰心叶甲幼虫为害后引诱叶片产生的特异性挥发物进行寄主栖境定位，再进一步通过其他近距离的引诱物质找到寄主。这也为引进的天敌椰心叶甲啮小蜂能在野外的自行繁殖、扩散，提供了一定的理论依据。

椰心叶甲成虫

在这一场没有硝烟的战斗中，充满了抑制与反抑制，潜伏与反潜伏的对决，而它摆在人们面前的是致命的外来物种入侵问题。经济全球化，使海南岛与世界的往来日益频繁，也使外来物种入侵岛内的风险大大增加，但这绝对不是借口。椰心叶甲不仅为我们敲响警钟，问题的背后有太多值得思考的东西。因此，每一个人应该牢记，海南岛是个独立地理单元，森林抗逆性、抗外来干扰能力和稳定性比较差，外来有害生物入侵后，很容易定殖成功，治理起来非常困难。作为岛屿，海南岛的环境容量有限，小小的失误可能带来无法挽回的损失。

（杨红珍）

深度阅读

万方浩，郑小波，郭建英. 2005. **重要农林外来入侵物种的生物学与控制**. 1-820. 科学出版社.

万方浩，李保平，郭建英. 2008. **生物入侵：生物防治篇**. 1-596. 科学出版社.

罗湘粤，钱军. 2010. **海南省椰心叶甲危害现状及生物防治策略分析**. 热带林业，38(2): 48-49，10.

金涛，金启安等. 2012. **利用寄生蜂防治椰心叶甲的概况及研究展望**. 热带农业科学，32(7): 67-74.

方剑锋，云昌均等. 2004. **椰心叶甲生物学特性及其防治研究进展**. 植物保护，30(6): 19-23.

中华人民共和国农业行业标准. 2009. **外来昆虫风险分析技术规程——椰心叶甲**. 1-30. 中国农业出版社.

环境保护部自然生态保护司. 2012. **中国自然环境入侵生物**. 1-174. 中国环境科学出版社.

桉树枝瘿姬小蜂

Leptocybe invasa (Fisher & LaSalle)

我们如果能够维持桉树林区及桉树林周边环境的生态复杂性，就可以为桉树枝瘿姬小蜂的捕食性天敌和寄生性天敌提供良好的栖息地和食物资源，这对于防治和控制桉树枝瘿姬小蜂的危害，可以起到事半功倍的效应。

“林中仙女”——桉树

魅影初现

在我国广西的一片桉树林中，几把电锯正在将一棵棵直径已达6 ~ 7厘米的一年生桉树伐倒，直把小树林锯成了一片倒木，灰白色的枝干横七竖八地躺在地上。这并非是林木的主人急需这批木材，而是这片桉树林染上了“癌症”——被外来入侵物种桉树枝瘿姬小蜂所寄生，不得已才下此狠手。此时，这片林木的主人已经欲哭无泪，赖以生存的桉树林就这样被毁灭了！但是，他们必须“壮士断腕”：全部砍伐，再用化学药剂喷洒在树桩上彻底杀死病株，防止它二次萌芽，否则它的二代林也逃脱不了患“癌”的厄运。

这是发生在2007年的事情。当年4月，广西东兴市东兴镇江那村彭祖岭的一片一年生的桉树幼林，忽然出现了异常，4 ~ 5米高的林木生长停滞，本该笔直、挺拔的主干变得分杈多枝，而且变得纤细柔软，宽大的叶片也变得狭窄如线，在随风摇动时显得“弱不禁风”。原

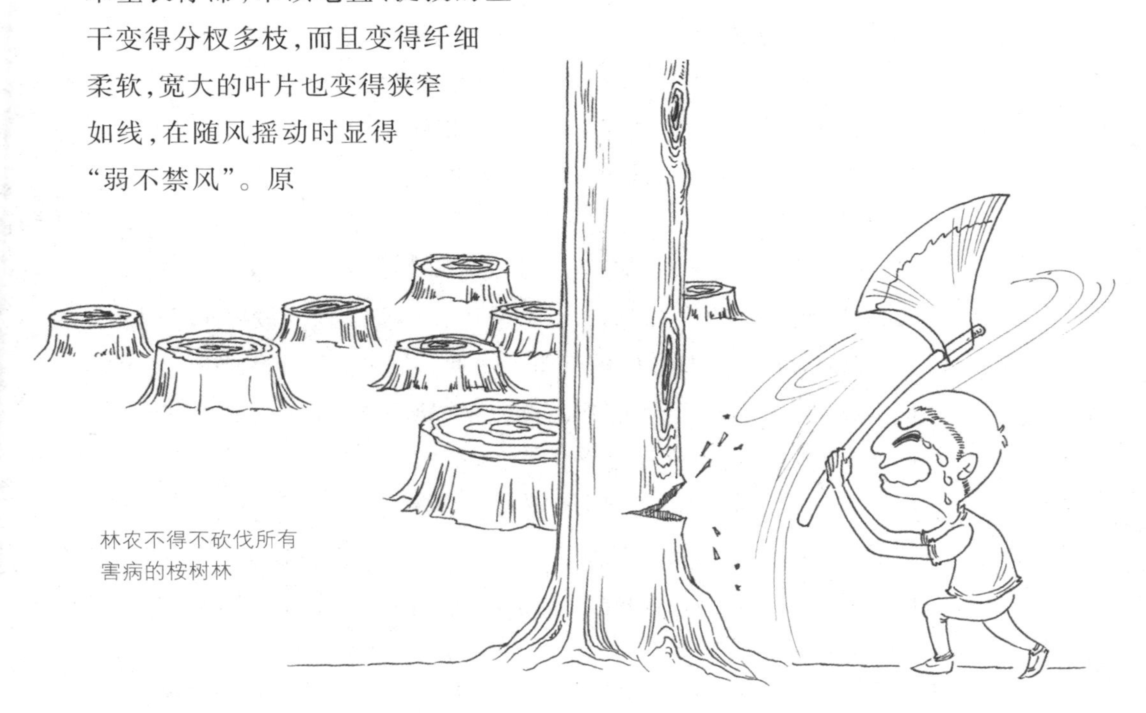

林农不得不砍伐所有害病的桉树林

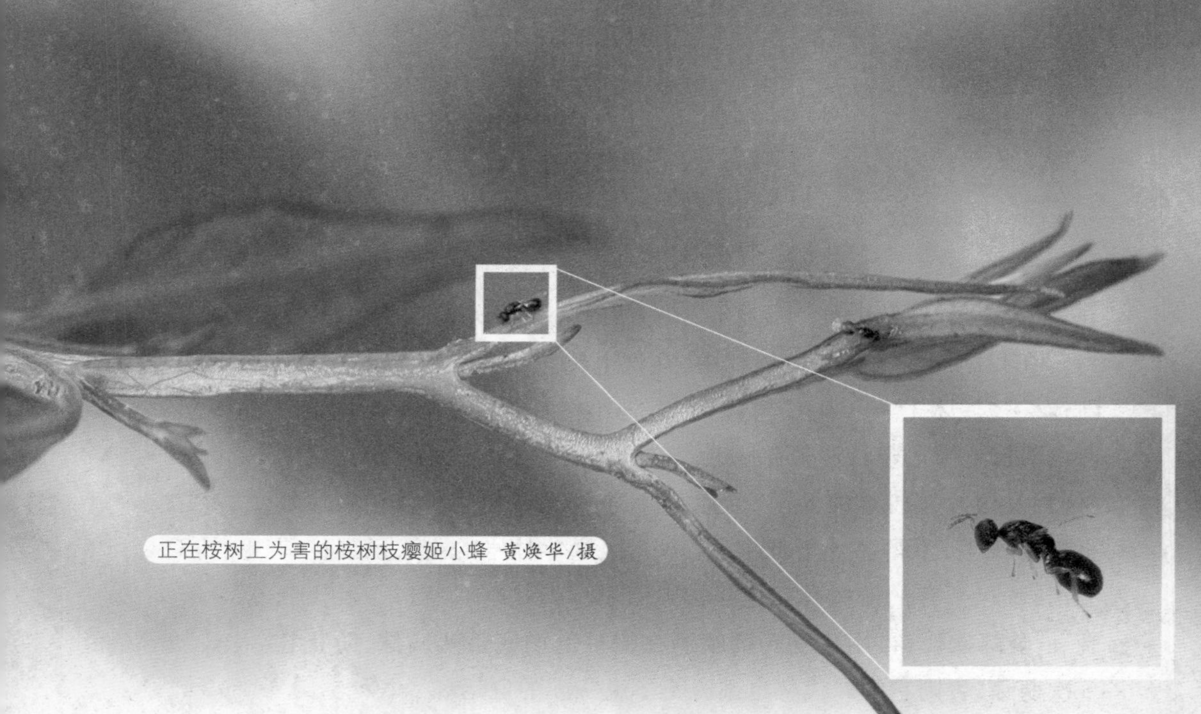

正在桉树上为害的桉树枝瘿姬小蜂 黄焕华/摄

来，桉树枝瘿姬小蜂已经悄无声息地入侵了这片林地。

桉树枝瘿姬小蜂*Leptocybe invasa*（Fisher & LaSalle）主要危害新种植的桉树幼苗、幼树，使其不能成林成材。桉树叶片与嫩枝的受害部位会逐渐膨大，形成虫瘿，叶脉、叶柄、小枝扭曲畸形，新梢生长受阻等。虫口密度高时，常常会造成叶片枯萎凋落、枝干畸形，危害特别严重时可导致植株死亡。

这对于广西种植桉树的农民来说，就是一个晴天霹雳，桉树可是当地农民的"致富树"啊！桉树是隶属于桃金娘科桉树属的植物，总共有700多种，其原产地绝大多数在澳大利亚，少部分生长于邻近的新几内亚岛、印度尼西亚，以及菲律宾群岛等地。桉树树干通直，树形优美，有"林中仙女"的美誉。因此，从19世纪开始，它被引种至世界各地，成为著名的速生树种与阔叶树硬质材。由于它具有适应性强、产量高、经营周期短等优势，也被广泛地应用于我国的速生丰产林建设，在缓解木材供需矛盾与推进林业集约经营等方面，均起到了积极的促进作用。桉树在我国华南和西南地区已有广泛种植，在广西甚至得到了"第一树"的美誉。广西地处热带、亚热带地区，具有发展速生丰产林得天独厚的自然条件。自20世纪80年代以来，广西不断加大桉树产业发展力度，在完成了尾叶桉成功改良和杂交种无性系推广后，桉树人工林的面积迅速增加，尤其是桂南地区的南宁、钦州、北海和玉林等地，都是桉树主要种植区。桉树的林、浆、纸、板的发展均呈现了空前良好的势头，使桉树产业成为广西林业优势产业之一，也成为当地农民的“致富树”。而桉树枝瘿姬小蜂的出现，让许多人乱了方寸。据专家分析，广西东兴这次发生的虫害就很可能是从越南随风刮过来的，这是桉树枝瘿姬小蜂首次在我国现身。

深度入侵

桉树枝瘿姬小蜂成虫不但能够通过爬行、跳跃、短距离飞翔而进行短距离的扩散，也可随风飘散，通过气流传播到相当远的桉树林里。2008年9月，一场台风过后10余天，距广西钦州市桉树枝瘿姬小蜂发生区数十千米外的玉林市南缘，就有大面积巨园桉DH201-2同时出现虫瘿，可见其传播之快。

除了“空降”之外，桉树枝瘿姬小蜂也不放过“地面进攻”，它可以随着苗木的长途调运而实现其扩散目的。因此，

桉树枝瘿姬小蜂大举入侵桉树林

有关部门加强植物检验检疫是非常必要的，一旦发现桉树枝瘿姬小蜂的蛛丝马迹，就要立即处理并严禁从虫害地区调运苗木，实行严格的苗木调运检疫复检，确保造林苗木不携带桉树枝瘿姬小蜂，以防止它的传播扩散。

不过，别小看了桉树枝瘿姬小蜂，它不仅入侵手段多样，适应能力还很强。已经发生虫瘿的枝条在失水15天、叶片干枯的情况下，成虫仍能正常羽化，而且它们比较容易建立种群、定居。另外，桉树枝瘿姬小蜂的成虫产卵在寄主的枝叶上，从卵期至幼虫、预蛹、蛹、成虫出孔之前都生活在植物组织内，然后成虫从羽化孔飞出，再次扩散、为害和产生下一代，大有榨干桉树最后“一滴血”的意思。虽然它来到我国的时间不算长，但来势凶猛，扩散快，马上就在我国南方快速扩散蔓延，仅仅用了2年多的时间就侵入了广西、广东、海南、福建、江西等省（区）数万公顷的速生桉树种植区，并对不同桉树品种产生了不同程度的危害，而且势头不减。其中，窿缘桉是桉树枝瘿姬小蜂的高感品种，目前在广东、广西等地大多被农户作为房前屋后绿化的树种，长期不主伐利用，而且由于它的树干高大，观察枝叶比较困难，所以窿缘桉已经成为桉树枝瘿姬小蜂扩散的基地和中转站，也成为防治的一个盲区。

因此，2008年9月，国

桉树林

桉树枝瘿姬小蜂在桉树枝上留下的刻痕

家林业局发布了关于防治桉树枝瘿姬小蜂这种林业有害生物的警示通报，广西、广东、海南、福建、江西和四川等省（区）都已将其列为森林植物补充检疫对象。由于桉树枝瘿姬小蜂是从国外传入我国的有害入侵生物，对桉树造成的灾害需要经历发生、蔓延和成灾等多个阶段。因此，为了最大限度地降低灾害损失，桉树种植区必须及时发现早期的灾害点，对其发生蔓延情况进行实时监测和预警，主要有3个方面内容：一是在发生前，对发生的环境进行监测，掌握可能孕育其发生的环境；二是在发生过程中，及时监测发生的空间范围；三是在发生之后，了解灾情和损失，及时清理染病树木，对严重受害的桉树林要采取砍光、烧光、清理光的办法，并就地销毁带虫的枝、叶、树皮等。除了直接观察桉树林是否出现受灾现象之外，采用伞抖、粘板、灯诱等各种新技术可以在桉树枝瘿姬小蜂种群密度低的早期状况下监测到。此外，林区发生虫害时，受害林区的反射和辐射光谱会发生变化，并在RS影像上体现出来，所以可根据不同时相卫星影像图的变化监测桉树枝瘿姬小蜂的分布与发生情况。

除我国之外，桉树枝瘿姬小蜂于2000年在中东及地中海沿岸国

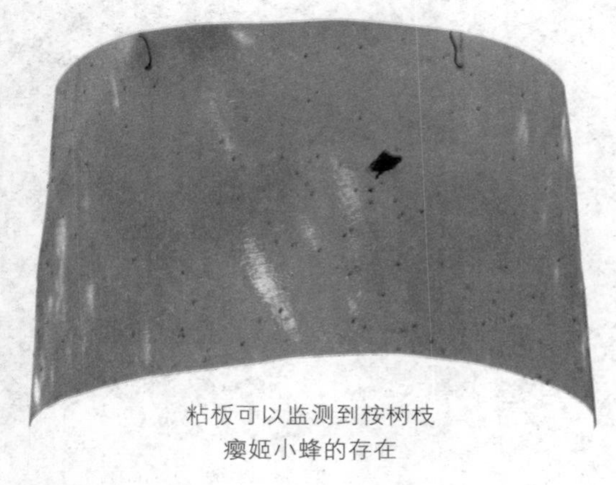

粘板可以监测到桉树枝瘿姬小蜂的存在

家首次被人们发现。目前，它已经扩散到欧洲、非洲、亚洲和大洋洲的法国、意大利、葡萄牙、西班牙等大约20多个国家和地区。

2004年，澳大利亚昆虫专家确定它是一个新属、新种，隶属于膜翅目小蜂总科姬小蜂科。

阴盛阳衰

我们往往更愿意相信，为非作歹的角色都有一副丑陋的面貌。事实上，桉树枝瘿姬小蜂的长相还有点"可爱"。人们通常能看见的是它的雌成虫，体长仅有1毫米左右，头部扁平，触角有9节，有3个单眼，呈三角形排列，复眼为暗红色，身体为黑色或黑褐色，有蓝绿色的金属光泽，就像长翅膀的小黑蚂蚁。由于它的虫体太过于细小，所以飞翔或栖息在枝叶上时很难被人分辨清楚。

桉树枝瘿姬小蜂繁殖力强，而且大多为孤雌生殖，也可进行两性生殖。它于每年11～12月开始以幼虫和蛹在虫瘿内越冬，翌年2月下旬越冬代成虫开始羽化，3～4月达到高峰期，羽化后的成虫大量取食虫瘿组织，然后咬破虫瘿形成圆形孔飞出，出孔后可存活3～5天。成虫出孔后便在桉树的树冠周围飞舞，寻找合适的嫩梢停落，并且在桉树的嫩枝、叶柄、叶脉等部位来回爬行，寻找合适的产卵场所，用产卵器穿刺表皮，经多次穿刺试探后，深刺于皮下薄壁组织中产卵，并常常将卵产成一条直线，卵的间距一般为0.3～0.5毫米。一个叶片上可产生虫瘿1～65个，通常为3～6个。产卵后1天，幼嫩枝条受害部位就会产生白色分泌物密封产卵孔。

卵的孵化随温度变化而不同，每个虫瘿内形成幼虫数量的多少和成虫产卵量、气候以及植物自身的生长营养状况有关。

桉树枝瘿姬小蜂的幼虫微小、白色、无足。幼虫孵出后取食叶肉组织，导致叶肉组织畸变，受害部位逐渐膨大，形成虫瘿。幼虫形成初期仅在叶柄等处有一个小的凸起，与叶柄颜色接近，较光亮，背光一侧颜色一般为浅绿色，向光一侧一般为浅红色，接近虫瘿处的成熟叶片卷曲、干枯。如果成虫产卵的密度较小，则仅在叶柄处形成小的虫瘿，偶尔也可在叶脉见到愈伤组织；当成虫产卵的密度较大时，其在叶脉、茎等多处产卵，形成"茎—叶柄—叶脉"一连串的虫瘿。

桉树枝瘿姬小蜂世代重叠，平均每138天完成一个世代。在我国南方桉树种植区，海南岛南部和西部沿海地区为年发生5世代区，海南岛中部和北部、广东、广西中南部地区、云南南部地区和福建中南部沿海地区为年发生4世代区，其他桉树种植区为年发生3世代区。

有趣的是，在桉树枝瘿姬小蜂广泛分布的中东、东南亚、地中海沿岸和非洲等地，人们所发现的成虫基本上是雌性，就连澳大利亚昆虫学家确定它的身份时，也是以雌性成虫为模式标本对它进行记述的，并认为这种昆虫进行严格的产雌孤雌生殖。不过，后来在土耳其、印度等地有发现它的雄性成虫的报道，其雄雌比例为1/124。雄性成虫只比雌性成虫略小一点点，外形也与雌性成虫相似，只是略显修长。

桉树枝瘿姬小蜂在我国出现以后，人们于2009年在广西高峰林场发现了它的雄性成虫，我国成为第三个发现桉树枝瘿姬小蜂雄性成虫的地方。此后，在海南和广东也相继发现了它的雄性成虫，两地收集到的雄雌性比分别为1/195和1 /126。

这是一个很奇怪的现象。据专家分析，桉树枝瘿姬小蜂产生雄性成虫的原因，可能是桉树受灾后，新长的枝叶减少，为满足食物的需求，它就本能地增加雄性分化，从而降低自己的繁殖能力，以减少后代种群数量。根据这一理论，我们可采取砍伐受害林木、停止种植易感桉树枝瘿姬小蜂品种或品系，以减少其食物供给的方法，促使桉树枝瘿姬小蜂雄性成虫数量的增加，让它"多生男，少生女"，从而有可能实现降低其虫口密度的目标。

虫瘿上的桉树枝瘿姬小蜂成虫和羽化孔 黄焕华/摄

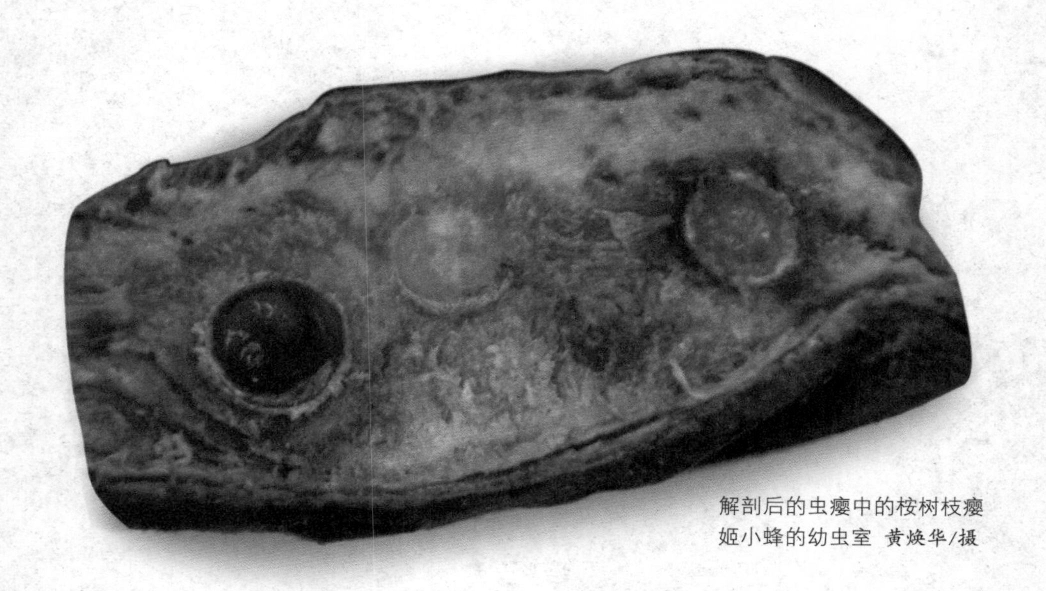

解剖后的虫瘿中的桉树枝瘿姬小蜂的幼虫室 黄焕华/摄

虫瘿的奥秘

虫瘿是桉树枝瘿姬小蜂寄生的一个标志性产物。雌性成虫产卵后的第2天，在产卵点便出现浅褐色斑点；第5天至第6天这个点便流出少量的树脂并愈合；第10天至第12天，产卵点开始出现明显肿大。如果卵产于叶柄上，在20天前后，这个部位就形成了明显的虫瘿并在叶柄背面出现浅红色；在30天前后，虫瘿表面出现凹凸不平的形状，从小凸起的数量就可以推断虫瘿内幼虫的大致数量。凸起比较明显后，虫瘿内的幼虫发育便进入了蛹期；蛹在虫瘿内羽化后，会咬出一个羽化孔，孔口仅留一薄层的植物细胞组织，肉眼观察为一个略凹陷的小圆圈。在气温适合、天气晴朗的时候，雌性成虫就会爬出羽化孔。

从虫瘿发育的角度来看，其过程大致可分为5个阶段。第一个阶段是产卵后的1～2周，最早的症状是出现了产卵孔。受危害的部位在形态上发生变化，木栓层的疤痕变大，叶片中脉受害部位由绿色转变为粉红色。最后虫瘿形成球形，颜色为翠绿色，虫瘿之间相互分开。第二个阶段的主要特征是虫瘿呈典型的肿块状，体积达到最大值，虫瘿内通常是低龄幼虫。第三个阶段主要是虫瘿的颜色发生变化，绿色变浅，逐渐变为粉红色，里面的幼虫发育成熟或进入预蛹期。第四个阶段虫瘿表面的光泽消失，颜色根据树叶和茎的不同分别变为粉红色和暗红色，标志着幼虫进入蛹期或开始羽化。到了第五个阶段，虫瘿上出现羽化孔，叶上的虫瘿变为浅棕色，茎部的虫瘿变为红棕色。

事实上，虫瘿是昆虫刺激植物所产生的一种非正常组织。桉树枝瘿姬小蜂成虫产卵后，卵的发育刺激了植物细胞分化和增殖，生长素在梢头聚集，导致嫩梢丛生、叶柄肿大，高虫口密度时可以发现叶脉、茎等处也有大量虫瘿。桉树枝瘿姬小蜂会对产卵的位置排序，依次为叶柄、叶脉、茎。当种群密度较大时，为了获得更好的造瘿位置，成虫可能会出现竞争的现象，这也是导致虫瘿大小和形状不同的一个原因。

虫瘿是植物和昆虫之间相互作用的产物。大多数情况下，虫瘿对植物的伤害是有限的，而且虫瘿的形成在一定程度上是植物的一种自我保护，可限制致瘿昆虫的进一步为害。虫瘿中可溶性糖、可溶性蛋白质和游离氨基酸含量明显高于正常组织，这可能是造瘿昆虫适应寄主植物的一种策略，其目的是使寄主植物将营养物质源源不断地输入虫瘿中，为生活在其中的造瘿者提供食物；也可能是植物的补偿效应或自我保护能力在发挥作用，即当植物受到外在因素侵扰时，其自身在一定程度上能补充失去的物质，甚至会生成更多的营养物质。桉树虫瘿中的可溶性糖、

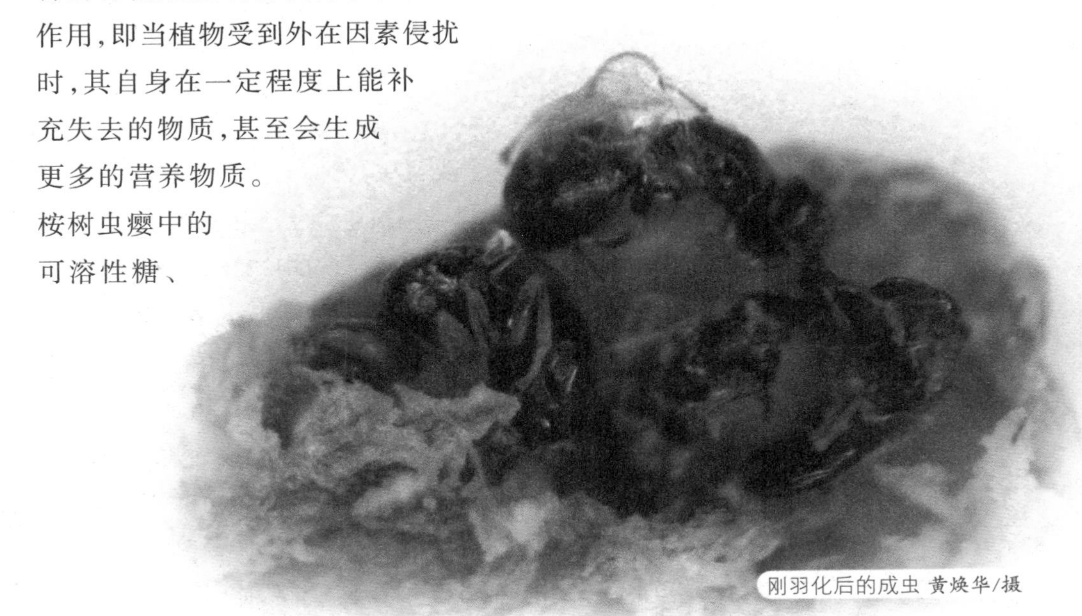

刚羽化后的成虫 黄焕华/摄

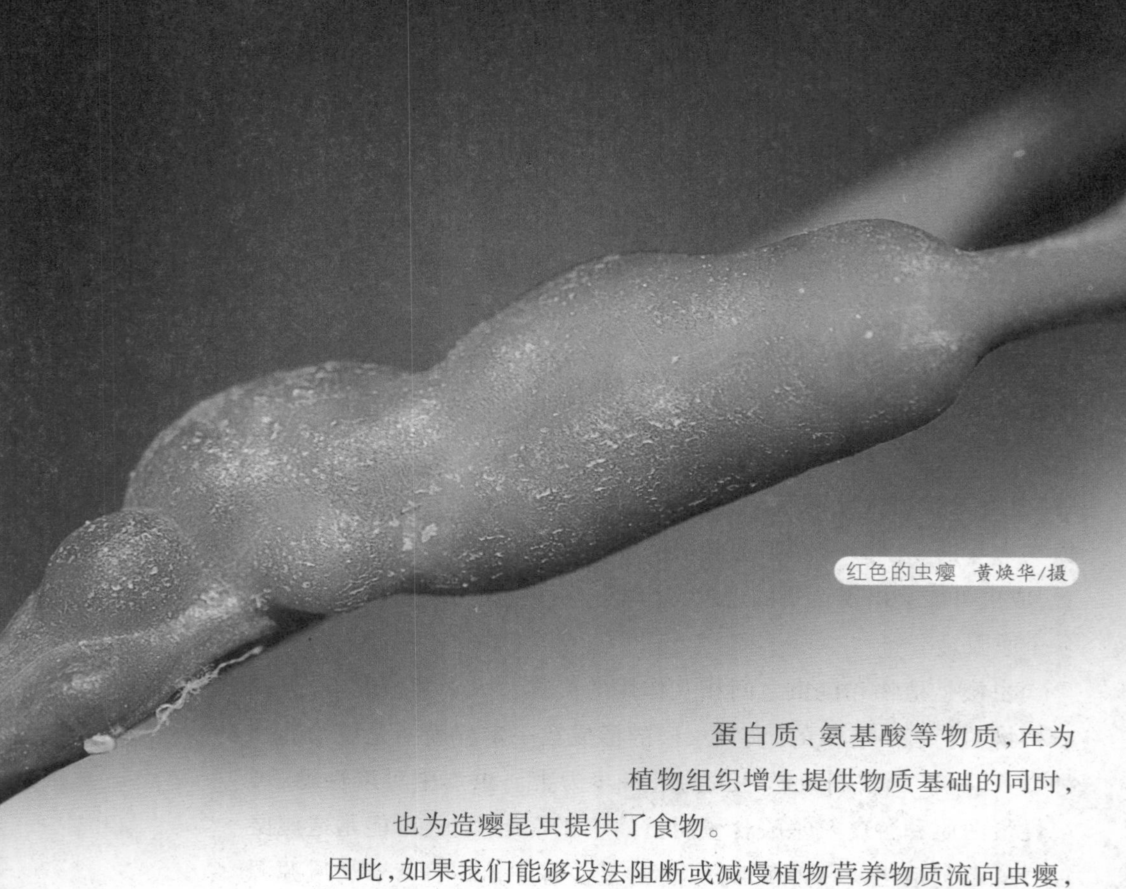
红色的虫瘿　黄焕华/摄

蛋白质、氨基酸等物质，在为植物组织增生提供物质基础的同时，也为造瘿昆虫提供了食物。

因此，如果我们能够设法阻断或减慢植物营养物质流向虫瘿，就可能抑制桉树虫瘿的形成。这也是控制桉树枝瘿姬小蜂危害的一种新思路。

桉树慎选择

桉树是桉树枝瘿姬小蜂的主要寄主，已知有窿缘桉、葡萄桉、苹果桉、赤桉等超过10个种类的桉树可以被它危害。在我国，危害严重的有巨园桉DH201-2、广林巨尾桉9号、巨尾桉DH3226等无性系。

桉树枝瘿姬小蜂为害的桉树种类或品种不同，其表现的受害症状也不相同。例如，当其为害巨园桉DH201-2时，成虫在羽化的同一植株或其他植株的嫩梢、嫩枝、叶柄或叶柄至叶脉基部，或叶脉一侧或两侧，用尾针刺破组织表皮，在植物组织内产卵，在表皮上出现针尖状褪绿小点。几天后产卵部位开始膨大，形成虫瘿，10天后虫瘿膨大定型。

桉树枝瘿姬小蜂为害的部位不同以及危害品种的不同，所产生

被桉树枝瘿姬小蜂为害后的枯萎的桉树

虫瘿

的虫瘿的外形也不尽相同。桉树受害部位一般在桉树枝瘿姬小蜂产卵一周后逐渐形成和隆起膨大。虫瘿是与正常小枝、叶柄、叶脉极不协调的异型症状，多数为膨大隆起，形状为长条状、梭状、颗粒状、念珠状等，隆起部位凹凸不平或略呈平滑，或与晒干的豆角相似。例如，在为害尾叶桉U6品系时，多在叶柄基部形成虫瘿，在高虫口的情况下，嫩枝、嫩梢上枝条膨大、变扁；为害窿缘桉时，虫瘿颗粒较细小，但数量明显增多，虫瘿多分布在小枝或叶片上；为害广林巨尾桉9号时则表现为嫩芽丛生，纤弱细小，无法形成主梢，不能向上生长。

桉树枝瘿姬小蜂不仅能够对桉树造成机械损伤，而且它还会分泌毒素，致使受害部位变色、变形。高虫口密度成虫危害严重，阻碍林木养分输导，使新生枝叶细小，导致树高5米以下的幼树生长停滞，树高5～10米的林木生长受到抑制。不过，如果树高达10～20米，虽然林木树冠可见成虫活动，但成虫数量随树增高而减少，对林木生长影响不大。在清理虫源地或气候变化导致成虫数量减少后，受害林木可以恢复生长。

现在，人们已经发现，在桉树中，桉树枝瘿姬小蜂低感树种与高感树种之间差异很大，有的桉树树种与无性系对幼虫生长发育有一定的抑制作用。抗虫树种与无性系可抑制大部分幼虫的发育，即使在高虫口压力下，可能会有少数幼虫发育，形成有限的虫瘿，但幼虫极少能发育至成虫，因此不能形成新的种群。对于低感树种与无性系来说，如尾叶桉无性系U6，虽然可形成一定数量的虫瘿，但幼虫发育期延长，只有一定数量的幼虫可发育至成虫；而高感树种与无性

新萌发的桉树幼苗

系，幼虫的成活率近100%，如巨园桉无性系DH201-2的虫瘿，每个虫室内幼虫均可发育为成虫。

因此，我们能否控制高感树种和无性系的种植，严格限制或停止生产、供应和种植高感树种和无性系，例如尽量避免使用窿缘桉、DH201-1（巨园桉）、DH201-2（巨园桉）、DH90-2（尾叶桉）、DH291-1（尾叶桉）、DH382-2（尾巨窿桉）等品种进行造林，就成为控制桉树枝瘿姬小蜂扩散、减少其危害的关键步骤之一。

此外，我们还要结合国内外不同桉树品系抗虫性的研究基础，筛选、培育出对桉树枝瘿姬小蜂抗性强的桉树品种，并进行造林推广，同时对种植1年以上的桉树加强水肥管理，提高其对桉树枝瘿姬小蜂的抗性；还可以从桉树人工林经营区原生植被的保护、桉树不同无性系的配置去考虑，增加森林生物多样性，改变单一树种、单一品种大面积种植的营林方式，改善森林生态环境。一些地方大面积连片桉

桉树叶在它的原产地澳大利亚，是考拉唯一的食物

树受桉树枝瘿姬小蜂危害，其主要原因就是较大范围内种植的一个或几个桉树品种都是桉树枝瘿姬小蜂高感树种，为其入侵、蔓延扩散提供了便利。

里应外合

在自然界中，植物、害虫和天敌三者之间以食物链的关系相互依存、协同进化，化学信息在协调这三级营养关系中起着重要作用。植物在生长过程中，通过释放某些挥发物或积累某些营养物而招引植食性昆虫取食和产卵，而当其受昆虫危害后，也会改变和释放某些物质，主动防御，甚至引诱害虫天敌，“里应外合”剿灭害虫。

黄酮类物质是植物中一类对昆虫有毒的重要次生性代谢物质，可以影响昆虫的行为，使之忌避、拒食，并破坏昆虫的正常代谢，严重时能导致昆虫中毒甚至死亡。桉树在受到桉树枝瘿姬小蜂寄生后，类黄酮、花色素苷等的含量明显升高，说明它在受到虫害危害后，产生了诱导抗虫性。

> **外来物种和外来入侵物种**
>
> 外来物种是指在一定的区域内，历史上没有自然分布，而是直接或间接被人类活动所引入的物种。当外来物种在自然或半自然的生境中定居并繁衍和扩散，因而改变或威胁本区域的生物多样性，破坏当地环境、经济甚至危害人体健康的时候，就成为外来入侵物种。

桉树枝瘿姬小蜂危害还会引起桉树缩合单宁含量的显著增加，因此，这种物质也极可能产生诱导抗虫性。

桉树枝瘿姬小蜂危害诱导产生的特异化学信号，有可能作为早期诊断的指标，还有望用于控制桉树枝瘿姬小蜂及其天敌的行为，最终实现对桉树枝瘿姬小蜂的持续控制。

除此之外，引进天敌，对桉树枝瘿姬小蜂进行生物防治，也是一个重要的手段。

螽斯能够啃咬虫瘿

在桉树的发源地澳大利亚，桉树枝瘿姬小蜂和它的天敌之间存在着一种天然的平衡，因此大多数地方的桉树受害轻微，这就说明生物防治具有重要的意义。

在我国，我们可以一方面从桉树的原产地澳大利亚，或者桉树枝瘿姬小蜂的发现地以色列等地，引进它的天敌进行培养；另一方面对它在本土的天敌进行收集和筛选，并尝试通过人工繁育提高天敌的数量和控制效能。

目前，科学家已经发现，本土生活的圆蛛、斜纹猫蛛和冠猫跳蛛三种蜘蛛，能够捕食桉树枝瘿姬小蜂成虫，是它的捕食性自然天敌，其中冠猫跳蛛是优势种，捕食表现为主动性。

冠猫跳蛛捕食桉树枝瘿姬小蜂的方法有三招，第一招是当桉树枝瘿姬小蜂停落在前面、左边或右边2.5厘米左右的范围内时，冠猫跳蛛能原地直接迅速起跳，瞬间就将猎物捕获；第二招是当有多只桉树枝瘿姬小蜂同时在上方2厘米左右的高度频繁飞翔时，冠猫跳蛛一边抬头，一边不断地调整身体方位，并适时抽出拖丝，快速跳起捕捉，又借拖丝迅速地回到原处；第三招是当桉树枝瘿姬小蜂停落在前面、左边或右边3～7厘米处时，冠猫跳蛛首先慢慢靠近它，到离目标只有2～3厘米远时，迅速起跳，将其捕获。

除了上面所说的三种天敌外，其他蜘蛛和一些螨类、蜻蜓等也会捕食桉树枝瘿姬小蜂成虫。而螽斯则能够啃咬虫瘿，捕食虫瘿内的幼虫。

另外，我国还发现了多种桉树枝瘿姬小蜂的寄生性天敌——寄生性小蜂，其中长尾啮小蜂是优势种。长尾啮小蜂采用“以其人之道，还治其人之身”的方法，直接对桉树枝瘿姬小蜂“下手”。它的雌性成虫经常飞行在桉树枝条附近，寻找合适的虫瘿，然后在虫瘿上来回爬行，寻找适当的位置，弯下尾端，刺下产卵器产卵。这个过程时间很短，但效果显著。它的卵寄生在桉树枝瘿姬小蜂幼虫的体内，就可能成功地控制它的生长发育。

由此可见，我们如果能够维持桉树林区及桉树林周边环境的生态复杂性，就可以为桉树枝瘿姬小蜂的捕食性天敌和寄生性天敌提供良好的栖息地和食物资源，这对于防治和控制桉树枝瘿姬小蜂的危害，可以起到事半功倍的效果。

（杨红珍）

常润磊，周旭东. 2010. **我国桉树枝瘿姬小蜂研究现状**. 桉树科技，27(1): 75-78.

梁一萍，郑礼飞等. 2010. **桉树枝瘿姬小蜂中国本地自然天敌调查与捕食性天敌的捕食观察**. 广东林业科技，26(5): 1-5.

徐海根，强胜. 2011. **中国外来入侵生物**. 1-684. 科学出版社.

刘桂安. 2011. **桉树枝瘿姬小蜂的发生与综合防控技术研究**. 绿色科技，2011(6): 177-178.

万方浩，冯洁. 2011. **生物入侵：检测与监测篇**. 1-589. 科学出版社.

环境保护部自然生态保护司. 2012. **中国自然环境入侵生物**. 1-174. 中国环境科学出版社.

秋英

Cosmos bipinnatus Cav.

历史的经验告诉我们，类似于秋英这样的已经开放在我们的房前屋后、田边路边的外来植物，一旦我们管理失当，对它放松警惕，这些美丽的花卉就会逃逸，进入自然生态系统，并能自行繁殖和扩散，就可能会变成外来入侵物种，对我国农林业和生物多样性造成巨大危害。

“宇宙之花”巡游世界

说起秋英，除了专门从事植物学研究的人员，普通人并不知道这是一种什么植物。但是提起它另外的名字——波斯菊或大波斯菊，你就会恍然大悟。哦，原来秋英就是《花仙子之歌》里唱到的“大波斯菊”帽子啊。

那说到了波斯菊，有人要问，这是一个听起来很有异国情调的名字，因此也容易令人产生无限的遐想——它是不是因为来自波斯国，而定名为波斯菊呢？秋英的确不是我国的本土植物，但它的原产地却是北美洲的墨西哥和南美洲的一些国家。它之所以叫作波斯菊或大波斯菊，是源自它英文名字Cosmos的音译（这个音译似乎有点离谱）。这样看来，它与位于中东地区的那个曾经无比强大的古代波斯帝国没有任何关系。

秋英被发现是在200多年前，据说当年哥伦布在美洲发现新大陆后，水手们见到了这种美丽的八瓣花，便把它的种子带回了欧洲。18世纪末，西班牙牧师和植物学家安东尼奥·何塞·卡瓦尼列斯首次将秋英种植于西班牙马德里植物园，因为他是这个植物园的园长。他对这个花形如勋章般美丽的植物酷爱有加，将其学名命名为*Cosmos bipinnatus* Cav.，其中种加词意为“二回羽状的”，反映了其叶的特点；而属名与其英文名相同，源于希腊语，意思有秩序、和谐、饰物、勋章、世界、宇宙等。不过，由于秋英具有很强的适应性和繁殖力，现已在世界

秋英

上很多国家成为自然生长的野花或园艺栽培花卉，因此从分布范围来看，“宇宙”之意用在它身上还是比较确切的，而它的确也有“宇宙之花”这一美称。

除了“宇宙之花”这一美称外，波斯菊以其轻灵秀美的形体和耐旱的本领，还被比喻为“旱不死的少女”。

其实，它的名字还有很多。秋英是隶属于菊科波斯菊属的植物，除了被称为波斯菊、大波斯菊外，还有秋樱、笤帚梅、扫帚梅、帚梅、大春车菊、大春菊、格桑花等称呼。这也难怪，秋英的足迹已经遍及世界各地，人们喜爱它，愿意为自己喜爱的花草取上一个新的名字。

秋英的果实

秋英有着纤长挺立的细茎，同时又具有较多更为纤细的分枝，主茎和分枝的外表都比较光滑或具微毛；根部呈纺锤状，多须根，或近茎基部有不定根；单叶对生，二回羽状全裂，裂片狭线形，全缘无齿；头状花序顶生或腋生在细长的花茎上；总苞片有两层，外层披针形或线状披针形，近革质，淡绿色，具深紫色条纹，内层椭圆状卵形，边缘膜质；舌状花1轮，花瓣尖端呈齿状，花瓣8枚，有白色、粉色、深红色、紫色等不同颜色；管状花占据花盘中部，为黄色，花柱具短突尖的附器，花期在6～8月；瘦果有缘，黑紫色，果期为9～10月，种子寿命可达3～4年。

当人们在西班牙马德里植物园看见如此轻盈美丽的花之后，便争相在自己的花园里种植它，于是秋英便很快从花圃里走出，进入了寻常百姓家，之后便在欧洲广泛传播。秋英体态轻盈，花朵开在高挑的花枝上，风儿吹过，摇曳多姿，风情万种。因此有人认为秋英的花语是少女的纯情，以前欧洲少女们经常在情书中附上一朵秋英花，代表情窦初开的少女心思，差涩中带着期望，喜悦中藏着不安。还有人认为秋英的花语是“学术”，因为它曾被选来献给牛津一位名叫圣菲利迪斯卫德的尼僧院院长。这位德高望重的院长对牛津大学乃至整个牛津地区的发展都作出了很大的贡献，大家都将他视为学问的守护神。秋英因此也成为了“学术”的代名词。

除了欧洲，秋英在日本也非常有名。日本1868年起开始明治维新，结束了德川幕府时代的锁国历史，不仅从国外全盘引用科技和政治制度，也引进了大量花草树木，其中引入的草花代表就是秋英。一位意大利雕刻家于1887年将秋英引入日本后，因气候土壤适宜，秋英很快在日本蔓延，并且用它的摇曳多姿、轻灵的美征服了日本民众的心。

在日本，秋英因其花瓣酷似樱花，而且在每年秋季盛开，所以被叫作秋樱，与日本的国花——樱花相媲美，可见日本人对秋英的钟爱程度。秋英成了日本秋天风景的代表，许多地区都开始大面积种植秋英，作为观景胜地，以长野县的黑姬高原的花朵群落最为知名。在日本奈良县，人们把秋英种在用木质栅栏隔开的格子里，等到秋英长高开花，便形成了一个秋英迷宫，以此来吸引游客。走在这样的迷宫里，人们不仅可以欣赏到秋英的美丽，还能娱乐休闲，在迷宫玩耍，寻找出口，起到了很好的沟通感情的作用。

白色花冠
粉色花冠
紫色花冠
秋英的舌状花冠具有多种颜色

秋英在日本除了作为观赏植物用于园艺景观之外，它也渗透到了文化中，日本有一首传唱30多年的经典歌曲，歌曲的名字就叫《秋樱》，由著名歌手山口百惠演唱，歌曲以物言情，描绘了即将出嫁的女儿和母亲依依不舍的心情。

从“扫帚梅”到“张大人”花

秋英据说是在1895年由法国传教士带入我国的。当时他在四川盐源修建了一座教堂，并在教堂的花坛内种植了几棵他带来的紫红、粉红、白色三种颜色的秋英。也许是秋英喜欢这里的气候，也许是它喜欢这里的土地，随着风儿的传播，很快就盛开在盐源这片土地上的每一个角落。每年9月末至11月中旬，四川盐源坝子里的院墙外、田边地头、坡上开满了这种艳丽的花朵，使盐源县城变成了绚丽的“花城”。如果在这个季节你有机会到这里旅行，顺着盐源至木里的公路，你就能看见路两侧竞相开放的秋英，浪漫的花海随风起伏，与木结构的彝族民居建筑融合在一起，成为当地的一道独具魅力的风景线。当地的彝族妇女称其为“洋花”，当地人也称之为“十羊锦”，抑或是“十样景”。这两种名字大概是由当地的语言音译而来的，不管怎样，这样的音译已经足以把大片秋英盛开的壮观场面表达得淋漓尽致。

现在，秋英已经在全国各地普遍栽培种植，从北国到南疆，从西部高原到东部沿海，从偏僻的乡村到繁华的都市，从花园庭院到野地荒原，到处都能看到秋英的柔媚可爱的身姿和迎风轻盈灵动的舞步。

在我国北方的乡村，大家都习惯地称秋英为“扫帚梅”，但不知道这个名字因何而来。有人推测认为扫帚梅的秧棵儿跟扫帚苗的秧棵儿差不多，所以叫了这个名字。它们都长着细碎的叶子，蓬蓬地长到一米多高，扫帚苗在秋天长成后，几棵晒干捆在一起，可以用来做扫帚。但是，扫帚梅的秧棵儿脆，不结实，扫几次就散架了，“扫帚梅”只

绽放的秋英花

是徒有其名。

扫帚梅在我国北方乡村是一种很受欢迎的花。它对土地毫不挑剔，荒地路边，房前屋后，田地菜园的边边角角，哪怕是干旱的沙土，只要它能到达的地方，便可以撒着欢儿地生长，尽情释放自己的能量，毫不吝啬地把鲜艳的花朵开出来。它无须埋土，无须浇水，无须施肥，一切都顺其自然。它只要一点点雨水，就会萌芽破土，而随着气温升高、雨水增多，它们就乱蓬蓬横七竖八地蹿起来，看似杂乱无章，其实各有自己的轨迹。等到了7～8月份，纷纷开出绚烂的花朵，红的、白的、粉的花，与野地里的各色花草把整个乡村打扮得花枝招展，五颜六色。

在西藏，秋英有另外一个可爱的名字，人们亲切地称之为“张大人”花。关于“张大人”这个花名，有一段饶有趣味的来历。据称，1906年，清廷任命张荫棠为副都统，以驻藏帮办大臣的身份，到西藏办事，借以挽回政令不通的危局。他是清朝末年颇有才学、有抱负、有远见、有维新思想而又能清廉自持的人。1906年11月，张荫棠进入西藏。他进藏后严厉查办腐败的吏治兵制，极力进行整顿，并亲自起草上奏了“治藏十九条”致电清廷。张荫棠的思想和做法得到了朝廷和西藏地方政府以及僧俗民众的赞赏，对西藏的各项事业起到了积极作用，也深受藏族人民的称赞。人们

秋英花蕾

布达拉宫高高的宫墙底下到处都有秋英的踪迹

对其深情犹难忘怀，亲切地称他为张大人。

张荫棠珍视民族团结，也喜爱花草。他是个南方人，他生活的家乡依海傍山，骨子里充满浪漫情愫的他从家乡带去了一些花的种子。试种后，其他花籽无法生长，唯有一种花籽萌发生长，开出的花呈“八瓣”形，且耐寒，花瓣美丽，颜色各异，清香似葵花，果实呈小葵花子状。

得知这个消息后，拉萨家家户户都争相播种。由于高原阳光灿烂，光合作用充分，花的生命力也格外强盛，自踏上这片高天阔土后，就迅速传遍西藏各地。纯朴的藏族人谁都不知道此花何名，只知道是驻藏大臣张荫棠大人带入西藏的，因此便不约而同地称它为“张大人”花。当时，西藏通晓汉语的人很少，而会说“张大人”这一词语的藏族百姓却大有人在。直到现在，许多不会说汉语的藏族老人谈论此花时，都能流利地说出“张大人”这 3 个汉字。而在西藏遍地盛开、有响亮名称的“张大人”花，便是秋英。

如今“张大人”花在西藏是无处不在，布达拉宫高高的宫墙底下、拉萨河畔、农村的田埂上，到处都有它的踪迹。

因为秋英具有8个花瓣，所以在许多影视作品里，人们把它当作格桑花。格桑梅朵是最知名的藏语之一，已成为藏族的又一个代名词。在藏语中，“格桑”是“美好时光”或“幸福”的意思，“梅朵”是花的意思，所以格桑梅朵就是格桑花，也叫幸福花，这是一种生长在高原上的花朵，长期以来一直寄托着藏族人民期盼幸福吉祥的美好情感。在西藏，有一个传说：不管是谁，只要找到了八瓣格桑花，就找到了幸福。

既然格桑花具有这么好的寓意，并且已经深深地渗透到藏族文化中，一直被广泛流传，所以在影视作品、歌曲中少不了对它的描写和赞美。不过，植物学家通过研究，认为秋英并不是真正的格桑花，这完全是一个美丽的误会。格桑花的原植物是在西藏广泛分布的菊

公路旁成片的秋英

科紫葳属的植物。而秋英并非西藏本土植物，也不具有黄色的花瓣，所以秋英被植物学家排除在了格桑花的范畴之外。

秋英在我国的宝岛台湾也很受欢迎。每年在新年将至的时候，台湾都要举办盛大的“花海节”。这时冷气团南下，人们都拉高着衣领，穿着厚厚的外衣，减少户外活动，躲在室内看电视娱乐。为了鼓励大家到户外活动，保持健康，各地区分别推出了花海节。这是一个什么样的节日呢？秋天过去，人们收获了水稻等主要农作物后，便在农田里种上一些易于繁殖的花卉。秋英是首选的品种，因为这种植物柔情万种，惹人怜爱，具有很好的观赏效果。它的生命力也很强，非常易于种植，所以很快便大片繁殖，变成花海一片，把农田变成了彩绘花田，因此在台湾人们把秋英称为“彩绘达人”。花海节上秋英是主要角色之一，每到花海节举办期间，台湾从南到北，从东岸到西滨，几乎都可见到它们的踪影。它们开在大片的农田里，吸引众多的游客前往观光，为推高地方的旅游收入立下了汗马功劳，这也让各地的观光区纷纷仿效。可是在花海节结束之后，大片的秋英和其他花卉一起便面

外来物种入侵的危害

外来物种成功入侵后，会压制或排挤本地物种，形成单一优势种群，危及本地物种的生存，导致生物多样性的丧失，破坏当地环境、自然景观及生态系统，威胁农林业生产和交通业、旅游业等，危害人体健康，给人类的经济、文化、社会等方面造成严重损失。

秋英太美丽了，人们种植它，用来美化环境

欣赏完秋英的美丽，将它翻入土中，肥沃土壤

临着被集体“杀戮”的结局，听起来是不是有些残忍和不公平呢？人们把翻土机开进农田，深翻土地，把秋英整株绞碎，埋在土里。这里你可能要问，人类怎么如此残忍，竟然卸磨杀驴？种植秋英，欣赏完了它的美丽，还要斩草除根。其实这是秋英再次为我们贡献了它那娇弱的身体，它被当作绿肥埋在土里，为来年种植其他作物提供营养。这种做法在我国大陆南方一些地区也有仿效。

警惕外来花卉

秋英凭借美丽、多彩的花朵，被人们广泛栽培，用于园林造景，美化环境。近年来，在我国国道、省道等公路干线上实施绿化、美化、彩化建设，其内容就是在公路两侧的原植乔木之间栽植草本花卉，而既经济、又实用的秋英被认为是最理想的品种。

对奇花异草的追求，促使人们不断地引进外地的或国外的花草品种。这些花草免不了从花园中逃逸，而在自然生长下，其中一些会成为危险的外来入侵物种。

花卉中的外来入侵物种

从前面的叙述中，你在了解秋英的艳丽和妩媚的同时，或许就有这样的感觉，一般情况下，秋英都是以数量取胜，它们大片大片地生长，种子入土后，不需要刻意的人为打理，只需要自然的力量便可开出美丽的花。是的，秋英不仅在我国属于外来植物，而且完全具备外来入侵物种所拥有的繁殖快、易成活、适应性强等特点，不可避免地会同我国的农作物、牧草争夺土壤、肥料和水源，从而造成危害。

近年来，我国进出口花卉及种球(苗)数量逐年上升。进口国外花卉及种球(苗)是推动我国花卉产业迅速发展的重要因素，但花卉生产、使用导致的外来物种入侵问题常有出现，并引起了严重的后果。胜红蓟、熊耳草、蛇目菊、金鸡菊、堆心菊、加拿大一枝黄花、裂叶牵牛、圆叶牵牛、紫茉莉、红花酢浆草等很多进口花卉，都逸生为有害杂草，它们危害草坪和农作物，对本土植物的遗传特性造成污染，并对生物多样性构成严重的威胁。

对于秋英来说，目前它仍然以娇艳美丽的花朵来示人，似乎并没有对其他植物和生态环境造成太大的危害。但历史的经验告诉我们，这种已经开放在我们的房前屋后、田边路边的外来植物，相当于完成了入侵前的一切布局。就像潜伏在我们身边的敌人，今天它还不露声色，一旦时机成熟，就会打我们个措手不及。如果我们管理失当，对它放松警惕，这种美丽的花卉就会逃逸，进入自然生态系统，并能自行繁殖和扩散。等它变成外来入侵物种后，我国农林业和生物多样性就会面临一场浩劫。

堆心菊

因此，我们一定要谨慎地从国外引种花卉及其产品。我国的花卉资源十分丰富，要充分利用自身的资源优势，发展自己的特色花卉，让本土花卉品种成为我国花卉生产的主力军，这样才能有效地避免外来物种入侵现象。

（徐景先）

深度阅读

徐海根，强胜. 2011. 中国外来入侵生物. 1-684. 科学出版社.

万方浩，刘全儒，谢明. 2012. 生物入侵：中国外来入侵植物图鉴. 1-303. 科学出版社.

徐海根，强胜. 2004. 花卉与外来物种入侵. 中国花卉园艺，2004(14): 6-7.

田家怡. 2004. 山东外来入侵有害生物与综合防治技术. 1-463. 科学出版社.

太湖新银鱼

Neosalanx taihuensis Chen

针对太湖新银鱼导致高原湖泊鱼类多样性危机和生态恶化的现象，有人提出了通过引入它的天敌来控制其种群密度的办法。不过，根据同样的原理，人们如果仍然盲目地引入这些天敌鱼类，会不会带来更大的生态危机呢？

白鱼

银鱼

白虾

太湖三白

渔舟唱晚

传说，孙悟空大闹天宫时，打翻了玉帝送的一只大银盆。银盆从天上落入人间，在地面上砸出了一个大洞。银盆里的银子，便化作白花花的水，形成了三万六千顷的湖。湖是从天上掉下来的，叫它什么好呢？于是，人们把“天”字上面的一横落在下面变为一点，也就是“太”字，把它叫作“太湖”。而银盆里的72颗翡翠，化成了72座山峰，分布在太湖中间。传说中的太湖是我国第三大淡水湖，湖面2000多平方千米，有大小岛屿48个，峰峦72座。这里山水相依，融淡雅清秀与雄奇壮阔于一体，碧水辽阔，烟波浩渺，峰峦隐现，气象万千，其“山外青山湖外湖，黛峰簇簇洞泉布”的自然画卷别具风韵。

美丽广袤的太湖周边，散落着很多村庄。这里是著名的鱼米之乡，风光旖旎，物产丰富，人们在这里幸福地生活着。泛舟太湖，船家都备有精美的湖肴供应，这就是著名的太湖船菜，也被称作“水上筵席”，已有近百年的历史，具有浓郁的江南水乡特色。其中，最为有名的就是“太湖三白”：银鱼、白虾、白鱼。游客到太湖游览，一边欣赏绿波荡漾的美丽景色，一边在船上品尝“太湖三白”，真是令人心旷神怡。

勤劳的太湖人民在过去很长一段时间都是以捕鱼为生。在那迷人的红色晚霞映衬下，一叶扁舟上，捕鱼人弓着身子，攒足了劲，果断而又优雅地将渔网向太湖水面撒去，过一会儿便慢慢地收网。慢慢地，见到网底的时候，就会有很多鱼虾在里面蹦跳。每一条渔船都是满载而归，其中最多的渔获之一就是很多全身银白色、近乎透明的小鱼，只有两只眼睛是乌黑乌黑的，这就是太湖新银鱼，又叫面丈鱼、面条鱼、冰鱼、玻璃鱼等，都是根据它奇特的外观而起的、非常形象的名字。它的身体晶莹细腻，恰似羊脂白玉雕就，如果不看它们的两只眼睛，你还真数不清它们到底有多少条。在落日的余晖完全退下之前，渔民们脸上洋溢着收获的笑容，将船朝自己家的方向驶去。太湖人民祖祖辈辈的这种幸福的生活方式，也形成了长期以来太湖人在全国人民心中的一个标志性的形象。

鱼米之乡的宠儿

关于太湖新银鱼的传说，并不比太湖本身逊色。一种说法是：太湖新银鱼为鲁班建造中庙所刨木花所变的；另一种说法是，当年吴王食脍有余，弃于水中，化而成鱼，所以银鱼古时也叫“脍残鱼”。最动人的一个传说是，在秦朝时，孟姜女思夫情切，便风餐露宿，长途跋涉，辗转寻夫，却没有找到丈夫万杞良。她在哭倒长城之后，带着满腔怨恨与悲恸返回故里，途经八百里烟波浩渺的太湖时，正巧遇着巡幸江南的秦始皇。秦始皇见孟姜女一身素裹，无限娇美，顿起淫念，逼她做妃。孟姜女秉性刚烈，面对暴君，她思忖再三，提出了一个条件，要求秦始皇在太湖岸边搭个孝棚，祭过丈夫后方可进宫。秦始皇满口答应，并传旨从速办妥。孝棚搭好后，孟姜女一袭白衣裙，面对太湖银波放声大哭，一连三天三夜，哭得云悲、月惨、天昏地暗，连太湖也接连涨水，波涛汹涌。此时，孟姜女已声嘶力竭，但晶莹的泪水仍涟涟而落，如同断了线的珍珠。忽然，她那掉入太湖的滚滚泪珠，刹时变成了一尾尾冰清玉洁的银鱼。银鱼的一对大眼睛，就像满含

孟姜女

杜甫

孟姜女盼夫那望眼欲穿的神情，让秦始皇与群臣惊恐万状。最后，孟姜女大骂一声：“无道暴君！”便纵身一跃跳入太湖，化作一道彩虹飞向远方。这段凄婉的传说，寄托了人们对银鱼的美好情思，也给太湖新银鱼的身世披上了一层神奇的色彩。

太湖新银鱼的故事引人遐想，那它现实中是什么样子呢？太湖新银鱼*Neosalanx taihuensis* Chen，也叫太湖短吻银鱼、陈氏短吻银鱼。它身体细长，大约在4~8厘米之间，略呈圆筒形；头部平扁，呈三角形，后段较侧扁。奇怪的是，它们的体表没有鳞，只是雄鱼在臀鳍基部两侧各有一排较大的鳞片，有一个小的胸鳍，背鳍后方还有一小而透明的脂鳍。整体看来，太湖新银鱼体形如玉簪，似无骨无肠，细嫩透明，如玉似雪，自古就被认为是水中的珍品，素有“鱼类皇后”之美誉。据《太湖备考》记载，早在春秋时期，太湖便盛产银鱼。古时人们称它为“脍残鱼”“玉余鱼”，也叫“白小”。唐朝大诗人杜甫曾有《白小》诗：“白小群分命，天然二寸鱼。细微沾水族，风俗当园蔬。入肆银花乱，倾箱雪片虚。生成犹拾卵，尽取义何如。”诗中将银鱼描绘得既很概括，又很形象。宋朝诗人张先也有“春后银鱼霜下鲈”的名句，把银鱼与鲈鱼并列为鱼中珍品。

明朝诗人王叔承的诗篇“冰尽溪浪缘，银鱼上急湍，鲜浮白玉盘，未须探内穴”更是对银鱼赞美有加。清康熙年间，银鱼被列为贡品，与白虾、梅鲚并称为“太湖三宝”。外形再

银鱼干

美，名声再盛，也终究要在舌尖上衡量一下。太湖新银鱼肉质细嫩，营养丰富，无鳞甲、无骨刺、无腥味，味道绝佳，闻之生津，可用来烹制出多种味美可口的名菜佳肴。例如，“金丝银线汤”，金黄的蛋丝，银色的鱼儿，相映成趣，色味俱佳；“芙蓉银鱼”，看上去宛如芙蓉出水，美不胜收；“干炸银鱼”，银白的鱼儿仿佛镀上一层金粉，吃在嘴里松脆香嫩，别具风味。银鱼不仅味美，在我国传统医学中也有补虚、健胃、益肺、利水诸功效。明朝李时珍《本草纲目》中说它“彼人尤重小者，曝干以货四方，清明前有子，食之甚美”，并认为它有“补肺清金、滋阴、补虚劳”“宽中补胃、养胃阴、和经脉”等功效。银鱼也是江苏传统的外贸产品，冰鲜银鱼出口，远销海外，在国际上久负盛名，被国外的消费者称为“鱼参”。

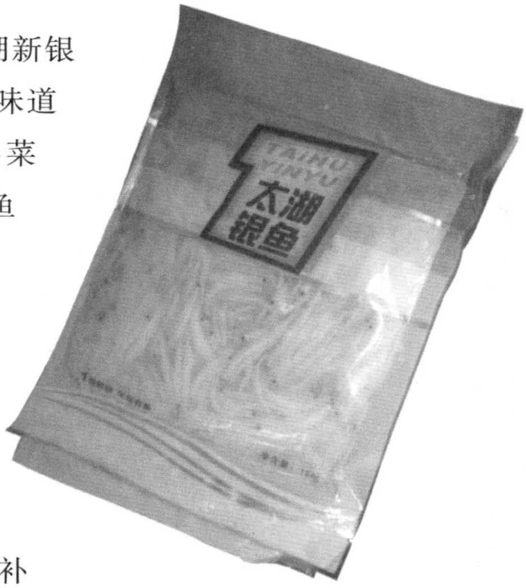

冰鲜银鱼

事实上，太湖新银鱼不仅分布在太湖，也见于其他长江中下游附属的湖泊中。此外，在淮河中下游、瓯江中下游等水域也有分布，属于河口洄游型或淡水定居型的鱼类，浮游在水的中、下层。太湖新银鱼类虽然是一年生鱼类，成熟产卵后即死亡，但是它的繁殖力强，繁殖周期短，尤其是生殖腺成熟发育历时较短，仔鱼孵出后7～9个月即可达到性成熟。太湖新银鱼的左右两个卵巢并不是同步发育，而是分为春季和秋季两次产卵，一般春季产卵期为3～5月份，怀卵量可达1200～3000粒；而秋季的产卵期为9～11月份，怀卵量要少一些，为800~1600粒。

太湖新银鱼的卵也很有特点，属于沉水性卵，受精卵沉于水底发育。卵为球形，黄色，卵径为0.5～1.3毫米。最奇特的是，它的受精卵具有卵膜丝，卵吸水后卵膜丝展开，可以减缓卵下沉的速度，同时在卵沉到水底后，卵膜丝可以支撑受精卵，使之不仅不陷入湖底淤泥中，而且可以附着于或缠绕在水生植物等物体上以利于胚胎发育，此外，还能缓冲风浪的搅动以及截住沉积的活物，以免直接沉积在卵膜上。可见，卵膜丝对于保持太湖新银鱼的胚胎在良好的条件下发育起了十分重要的作用。太湖新银鱼的胚胎对温度、盐度等环境的变化也有很强的适应力。

高原湖泊中的“侵略者”

从上面的叙述，大家可以看到，太湖新银鱼是如此地受到古今中外的人们喜爱，又具有如此高的食用价值和经济价值。于是，在20世纪70年代，有人突发奇想，在我国辽阔的国土上，还分布着众多的湖泊、池塘和水库，如果把太湖新银鱼引入到其他水域，不就可以让全国人民都来分享太湖人民的传统美食了吗？

这个想法在20世纪70年代末得以实施，首选的目标是另外一个“鱼米之乡”——有高原明珠之称的滇池。

滇池

太湖新银鱼标本

滇池位于云南省昆明市的西南，因周围居住着“滇”部落或有水似倒流、“滇者，颠也”之说而得名。滇池为地震断层陷落型的湖泊，其外形似一弯新月。湖面的海拔高度为1886米，南北长39千米，东西最宽为13千米，面积为306.3平方千米，素称“五百里滇池”。滇池为我国的第六大淡水湖，也是云南省最大的淡水湖。湖滨土地肥沃，气候温和，水源充沛，盛产稻米、小麦、蚕豆、玉米、油料等作物。将太湖新银鱼引入云南滇池的计划很快就获得了“成功”。它自1979年起以投放鱼苗的方式移至滇池，前后投放约70万尾，至1981年已形成有捕捞价值的种群，1985年的产量就达到3500吨。整个20世纪80年代都是太湖新银鱼的兴盛期，其产量超过滇池水产品产量的20%以上。

这个巨大的“成功”引起了我国各地水产工作者的广泛兴趣，太湖新银鱼的引种开始进入黄金时代。太湖新银鱼于1982年和1984年两次被引种到云南的另外一个高原湖泊——星云湖，后来，它又经与之相通的隔河流入下游的云南省第三大湖——抚仙湖，并自然繁殖。20世纪80年代中期，在我国的许多地方，如云南、四川、江西、湖北、辽宁、黑龙江、北京、吉林、福建等省市，都进行了太湖新银鱼的移植工作。太湖新银鱼也因此成为我国移植范围最为广泛的鱼类之

太湖新银鱼在享受大餐，而土著鱼则快要灭绝了

红嘴鸥每年都要来滇池越冬

一。然而,这些地方引来的是凤凰,还是饿狼呢?

当人们意识到太湖新银鱼大范围移植所带来的问题的时候,已经是10多年以后的事情了。

太湖新银鱼引进到云南之后,形成了自然繁殖的优势种群。由于它们适应能力强,短时间内便在天敌较少的高原湖泊中大量繁殖,形成优势种群,在移植取得显著的经济效益的同时,对其他鱼类资源的影响也逐步显现。20世纪80年代后期,滇西南高原湖群土著鱼类资源衰退甚至灭绝。在云南之外的其他地方,太湖新银鱼移植导致的土著鱼类的减产、绝产现象也相当普遍。

俗话说:大鱼吃小鱼,小鱼吃虾米,虾米吃淤泥。太湖新银鱼属于"小鱼",食物中自然少不了"小虾"。它的吻短、口小,上下颌骨各有一排细齿,正好适合以"小虾"为食。这些"小虾"中有一些虾类的幼苗,更主要的则是水域中天然存在的枝角类、桡足类、端足类,以及轮虫等体形稍大的浮游生物。例如,在滇池其主要食物为枝角类的短尾秀体蚤、长刺蚤、柯氏象鼻蚤、角突网纹蚤、圆形盘肠蚤和卵形盘肠蚤,桡足类的中剑水蚤、西南荡镖水蚤,端足类的秀丽白虾、日本沼虾的蚤幼;在吉林长春净月潭,其食物为枝角类的象鼻蚤、僧帽蚤,桡足类的温剑水蚤、镖水蚤、仙达蚤;而在它老家太湖,枝角类为柯氏象鼻蚤、长额象鼻蚤、

外来入侵物种的特点

外来入侵物种主要表现在"三强"。

一是生态适应能力强,辐射范围广,有很强的抗逆性。有的能以某种方式适应干旱、低温、污染等不利条件,一旦条件适合就开始大量滋生。

二是繁殖能力强,能够产生大量的后代或种子,或世代短,特别是能通过无性繁殖或孤雌生殖等方式,在不利条件下产生大量后代。

三是传播能力强,有适合通过媒介传播的种子或繁殖体,能够迅速大量传播。有的植物种子非常小,可以随风和流水传播到很远的地方;有的种子可以通过鸟类和其他动物远距离传播;有的物种因外观美丽或具有经济价值,而常常被人类有意地传播;有的物种则与人类的生活和工作关系紧密,很容易通过人类活动被无意传播。

僧帽蚤、裸腹蚤、尖突网纹蚤、秀体蚤,桡足类为长刺温剑水蚤、真剑水蚤、拟剑水蚤、汤匙华哲水蚤、桡足类幼体等。这些令人头痛的名字人们可能并不太熟悉,但它们却是水域中其他生物生产力的基础,由于它们分布广,繁殖力强,作为水中食物链的基础的一环而具有十分重要的作用。而太湖新银鱼在新水域入侵后,对其他鱼类的威胁则正是从这个环节体现出来的。可以这么说,大江南北的人吃到了太湖新银鱼,而太湖新银鱼也吃遍了大江南北。鱼类学家发现,各种不同食性的鱼类在早期生活史阶段,一般都是以浮游动物为食,而早期生长发育状况是决定鱼类种群补充的关键因素。虽然太湖新银鱼在仔鱼阶段的主要食物为轮虫、无节幼体、原生动物及少量的硅藻、绿藻类等小型浮游生物,但很快就转为以较大型的浮游生物为食并保持终生,恰好可以通过食物的竞争影响到其他鱼类的早期生长发育。

濒临灭绝的糠浪白鱼标本

长江中游的西洞庭湖水系黄石水库,移植有太湖新银鱼。人们发现,当地一种典型的浮游动物食性小型白条鱼类——鰲的早期生长和摄食就受到了很大的影响。它们均以浮游动物为食,分布水层重叠,自然会产生摩擦。这里的太湖新银鱼有春群和秋群两个繁殖群体,其中春群占种群绝对优势,繁殖季节在1~5月之间,而白条鱼的孵化日期在6月下旬之后。它的仔鱼和早期稚鱼是以小型浮游动物为食的,因此这个阶段与太湖新银鱼的竞争较弱,而它的稚鱼在25日龄后就转食较大型的浮游生物了,这时它就要与太湖新银鱼展开激烈的食物竞争了。于是,太湖新银鱼的大量摄食,使较大型的浮游动物饵料资源开始短缺,直接导致黄石水库中白条鱼的稚鱼在25日龄后不能转食,因而生长减慢,同龄个体的体长仅为引入太湖新银鱼之前的一半。同样,在滇池、程海、洱海和抚仙湖等几个云南高原湖泊,也是由于太湖新银鱼被引入后,与当地食性相近的大眼鲤、春鲤、糠浪白鱼等产生激烈的食物竞争,从而导致当地土著鱼类种群数量的急剧下降。

大理鲤

抚仙金线鲃

大头鲤

云南土著鱼类标本

在滇池，太湖新银鱼主要捕食西南荡镖水蚤，导致其密度明显下降。在洱海，太湖新银鱼引入后西南荡镖水蚤的优势地位也丧失。由此可见，抚仙湖西南荡镖水蚤的消失，很可能也是迫于太湖新银鱼强大的捕食压力。太湖新银鱼在云南各水域中的入侵现象，以它在抚仙湖中与土著鱼类糠浪白鱼的斗争最为典型。在幼鱼阶段，太湖新银鱼与糠浪白鱼有很近的食性关系，使得两者之间的生存竞争十分激烈。20世纪80年代，糠浪白鱼全湖产量为300～400吨，90年代初开始持续下降，到2000～2004年，年产量仅有0.5～1吨了。如今，在捕鱼的过程中基本上已见不到糠浪白鱼，可见糠浪白鱼已经到了濒临灭绝的状态。

在与太湖新银鱼的对抗中，土著鱼类节节败退。抚仙湖鱼类群落结构发生了显著变化，在原来的25种土著鱼类中，已有小鳔长身鳊、抚仙四须鲃、常氏四须鲃、云南瓣结鱼、长须盘鮈、长鳔盘鮈、鳞胸裂腹鱼、侧纹云南鳅、褚氏云南鳅、钝吻云南鳅、副鳅等11种濒临灭绝，其中8种为抚仙湖特有鱼类。原来曾是抚仙湖常见鱼类的花鲈鲤和云南光唇鱼，现在也已经难觅其踪。除了糠浪白鱼外，曾是抚仙湖的主要渔业对象的抚仙金线鲃，如今已濒危。抚仙湖的主要经济鱼类——属于大型鱼类的云南倒刺鲃和抚仙鲇，如今资源也严重衰退，个体小型化。

在洱海，引入太湖新银鱼后，浮游动物急剧减少，许多以浮游动物为食的土著鲤如洱海大头鲤、大理鲤等鱼类大量锐减。太湖新银鱼有排他性和吞食其他鱼卵的特性，真算得上是“斩草除根”。因此，在太湖新银鱼出没的水域，很少能见到其他鱼类。

太湖新银鱼食量大，食性广，还会使湖水中浮游动物减少、浮游植物激增，导致湖水的富营养化，湖泊的自然生境遭受严重破坏，进而导致当地土著物种数量的减少甚至绝迹。

与此同时，一些渔民无意中也成了太湖新银鱼的"帮凶"。太湖新银鱼进入高原湖泊后，渔业生产方面出现了一些出人意料的变化，就是渔民捕捞的方式的改变，他们开始使用大量的拖网。而在拖网捕捞太湖新银鱼的时候，许多土著鱼类的幼鱼也被大量捕捞。

人类的反思

从前面的叙述中，我们可以看到，太湖新银鱼虽然由于资源珍贵、营养价值高，给我们带来了很多的好处，但是它也给我们带来了很多的困扰。

目前，在我国北至内蒙古、黑龙江，西至四川，南至云南、广西的广大地区，都已经有太湖新银鱼的移植。不过，各地太湖新银鱼的资源并没有像人们想象的那样，一直保持高产的状态。例如，最早引入太湖新银鱼的滇池，在种群一度暴发后，自20世纪90年代开始资源大幅度衰退，至今未能恢复。

太湖新银鱼是典型的r-生存策略者，特点是种群数量有很大的波

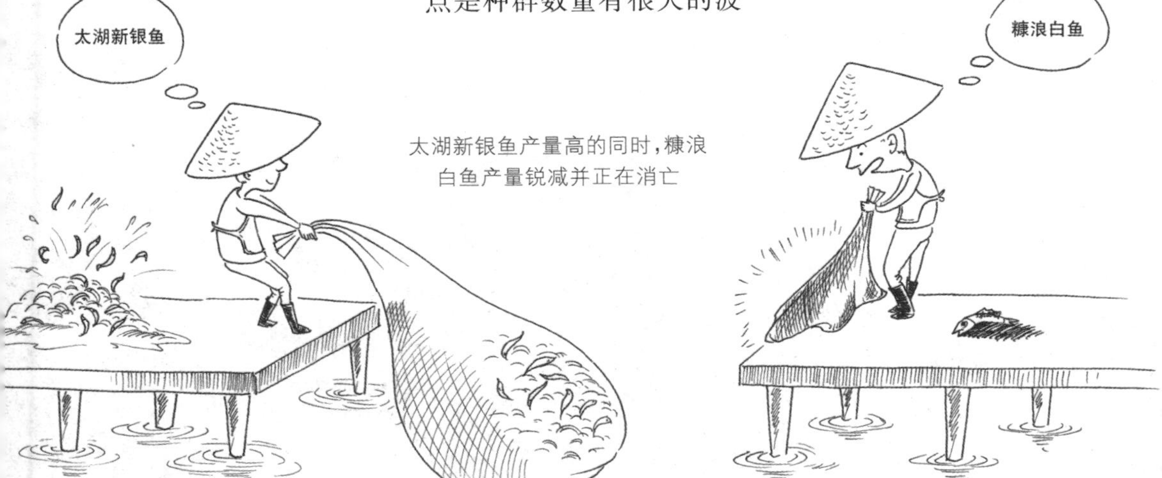

太湖新银鱼产量高的同时，糠浪白鱼产量锐减并正在消亡

动性，相对于其他鱼类来说，人类更难驾驭它。它就像搅动股市的一只十分活跃的股票：它的种群数量有时候暴发，造成虚假繁荣，有时候又由于各种原因种群数量很少，而种群暴发的时候对其他土著鱼类的影响巨大。例如，在长江上游，曾在20世纪50年代由外地引入过太湖新银鱼，但因当时上游水流湍急，未能形成种群。三峡大坝建设后，三峡地区变成一个大的水库，原有的峡谷急流环境完全改变，水流变缓，敞水环境大大增加，太湖新银鱼又被引入到三峡库区大量繁殖。因此，对三峡库区太湖新银鱼种群暴发的可能影响，需要引起高度关注与警示，连续监测其资源状况，研究种群暴发的形成机理和调控对策。

总的看来，我国对太湖新银鱼的基础研究较为薄弱，最为重要的是，对太湖新银鱼移植的生态风险重视不够。它在被引进到新的水体后，对土著鱼类和水体生态系统已经造成了巨大的影响。但这类现象没有受到应有的重视，也没有开展相应的生态监测研究。所以，我国太湖新银鱼移植工作带有极大的生态风险，对此应当引起足够的重视，积极开展太湖新银鱼移植工作的生态风险评估，以防止造成不必要的损失。

入侵鱼类的成功入侵，是建立在土著鱼类竞争力弱于入侵种的基础上的，这是外来鱼类的入侵造成土著鱼类资源减少甚至灭绝的一个主要原因，尤其是高原湖泊等相对较为封闭的生态系统，由于长期缺少生物竞争，“久疏战阵”的土著鱼类竞争力弱，外来鱼类进入后更易成功入侵。所以，对这样的水体生态系统进行引种增殖等需要审慎对待，以免“引狼入室”。

马口鱼标本

对于太湖新银鱼导致高原湖泊鱼类多样性危机和生态恶化的现象，有人提出了通过引入它的天敌来控制其种群密度的办法，并举例说，马口鱼和红鲌鱼可以成为水域中上层捕食太湖银鱼的肉食性鱼类。

不过，千万不要出现土著鱼“才出狼窝，又入虎穴”的悲剧。人们在引入这些天敌之前，一定要做好科学试验，只有在证明了它们既能控制太湖银鱼的种群数量，又不至于带来负面效应的前提下，才能再行引入。

（倪永明）

深度阅读

李振宇，解焱. 2002. **中国外来入侵种**. 1-211. 中国林业出版社.

陈银瑞，杨君兴等. 1998. **云南鱼类多样性和面临的危机**. 生物多样性，6(4): 272-277.

陈自明，杨君兴等. 2001. **滇池土著鱼类现状**. 生物多样性，9(4): 407-413.

熊飞，李文朝. 2006. **云南抚仙湖鱼类资源现状与变化**. 湖泊科学，18(3): 305-311.

王迪，吴军. 2009. **中国境内异地引种鱼类环境风险研究**. 安徽农业科学，37(18): 8544-8546.

小叶冷水花

Pilea microphylla (L.) Liebm.

就小叶冷水花而言，它们的美丽在于茎叶和花粉喷射的时刻，因此，如果读者朋友们真的很喜欢欣赏这种美丽，那么，请你在其花粉喷射之后、果实长出之前即将其拔除，这样我们既看到了它们的美丽，也阻止了它们的进一步蔓延。

石缝中生长的小叶冷水花

像烟花一样绽放

每个人都会有做梦的体会，很多人都相信，梦境是对将要发生的事情的一种预告。那么，读者诸君，你们有谁在梦境中见到过一种美丽的透明草吗？如果答案是肯定的话，那么，我要恭喜你了，因为，根据一些解梦人士的说法，梦见透明草的人，预示着他身上将会有好事情发生。“呵呵，你在开玩笑吧，我连透明草都不知道是什么样子呢。”也许有人会这么对我说。好吧，那么，我就给大家介绍一下这种神奇的植物。但是，我可不保证解梦专家说的那些魔力效果哦！毕竟，我本人从来就没有在梦中见过透明草。

话说在100多年前的南美洲热带地区，在小溪边或石缝等潮湿阴凉环境中，生活着一种纤细的小草本植物。它们或匍匐，或直立，茎干在水分充足的时候呈肉质多汁，具有明显的棱角；干燥后则变成蓝绿色，密布条形钟乳体。茎干多分枝，高可达17厘米，直径1～1.5毫米。叶小，倒卵形至匙形，长3～7毫米，宽1.5～3毫米。雌雄同株，有时同序，聚伞花序密集成近头状，长1.5～6毫米。这种可爱的小植物嫩绿秀丽，如果在开花的时候用手指轻轻地弹它一下，它的雄蕊便会喷射出一团仿佛烟火般的花粉，十分美丽，因此当地人给它们取了一个十分好听的名字——礼花草。

礼花草的寿命只有一年，它们祖祖辈辈在南美洲发芽、生长、开花、结果，然后凋亡，也不知道过了多少个年头。忽然，在某年某月，由于机缘巧合，一些礼花草漂洋过海，来到了遥远的中国。迄今无人能确切地知晓，这些礼花草是如何成功地穿越太平洋的。有人猜测，它们或许是搭了顺风车，以它们的种子附着在其他动物或植物的身上，从而随之流浪，而中国，只是它们众多目的地中的一个。

无论如何，它们成功地来到了中国，开始开辟属于它们的天地。

甲午海战中的民族英雄邓世昌

在中国最早采集到礼花草标本的是日本人佐佐木舜一。佐佐木舜一是一位植物学者，日本大分县人。1895年，中国在甲午海战中战败，被迫与日本政府签订丧权辱国的《马关条约》，割让台湾岛。因此，从那时起一直到第二次世界大战结束，台湾处于日本的殖民统治之下，佐佐木舜一于1906年被派来台湾进行植物考察。在台湾进行植物考察期间，佐佐木舜一于1928年8月26日在大屯山与礼花草相遇了。如此美丽的小花，我想，能够吸引住任何人的目光，何况佐佐木舜一这样一位植物学家呢？

植物学家并不是一见到植物就采集。通常来说，只有当遇到了自己不认识的植物，或者奇特的鲜为人知的植物，他们才会

小叶冷水花

进行采集。前人没有在台湾采集过礼花草的标本，佐佐木舜一是第一个在这里看到它的植物学家。所以，他顺理成章地将它采集了下来，并精心做成了一份漂亮的标本。礼花草只是南美洲的人给这种美丽的小植物取的名字，其他地方的人可能并不这样称呼它，*Pilea microphylla* (L.) Liebm.是它的学名，只有这个名字是世界通用的，是植物学家交流的语言。这个名称，我们将它翻译成小叶冷水花，台湾学者将它译成小叶冷水麻。但是在全国各地，根据它的一些特征衍生出一系列的名字，如礼炮花、小水麻、小号珠仔草等等。当然，对于具有耐心一直看到这里的读者而言，另一个意义重大的名字就是透明草，这是因为其茎叶呈透明状，故名，福建人就是这样称呼它的，而广西人则将它叫作玻璃草。

小叶冷水花

如今，佐佐木舜一采集的这份标本就像一个权威一样，静静地躺在台湾大学植物系的标本馆里，等待着一个个的植物学家来跟它打招呼。我们现在无法搞清楚，当佐佐木舜一第一次与小叶冷水花相遇的时候，他的心里是否会有冒出这样的问题和惊叹：天哪，它怎么出现在了这里？

行踪之谜

由于受各种物理、化学和生物等因素的制约，任何一种生物都有它们的分布范围，小叶冷水花也不例外，它们的自然分布范围是在南美洲的热带地区。中国与南美洲之间隔了一个太平洋，如此广阔的水域，足以阻止任何陆地生物从一个地方迁移到另一个地方。即使中国的环境适合小叶冷水花的生长和繁殖，要想逾越太平洋这样的鸿沟，实比登天还难。

但是，事实却是，小叶冷水花不仅来到了中国，而且在包括夏威夷群岛和非洲热带地区在内的热带地区都已经具有广泛的分布。目前，没有发现任何证据可以表明，小叶冷水花是人们在迁移过程中作为观赏植物、经济作物或者药用植物而有意地从其原来的分布区带往世界各地的。那么，它们是怎么来到这些地方的？

小叶冷水花的瘦果里面只有一个种子，种子的长度大多不超过1毫米。每个植株每年都会产生大量的种子。由于它的种子非常小，因此很容易便可粘在其他苗木或者动物身上，并随之传播到其他地方。即使落在地上的种子，也有可能随泥土粘在过往动物的脚上从而完成传播过程。当然，一种不太常见的方式是，人类由于各种目的在搬运泥土的过程中，不经意间便将沉睡在泥土中的种子迁移到了更远的地方。因此，现在很多人猜测，极有可能是人们在进行苗木运输的过程中，将小叶冷水花的种子带出了它们的故乡，使它们在新的生活环境里生根、发芽、繁殖后代。由于非洲和亚洲基本上可以说是相连的，因此，只要小叶冷水花在其中任何一个大陆落脚并站稳脚跟，扩散到其他地方是轻而易举的。

至于小叶冷水花什么时候来到中国，是直接从南美洲传

维也纳自然历史博物馆

小叶冷水花的入侵

入还是经由其他地区扩散进入中国，目前无人知晓。但是可以肯定的是，在1928年之前，它们就已经在中国落地生根了。就在佐佐木舜一采集到第一份小叶冷水花之后不久，成书于1929～1937年间的《中国植物纪要》也提到了这种植物在广东的分布。该书的作者是奥地利植物学家韩马迪（U. Handel-Mazzetti）。韩马迪从1914年起和德国植物学家施奈德（C. Schneider）结伴在滇中、滇西北以及川西进行植物标本采集。第一次世界大战爆发后，施

奈德于1915年去了美国阿诺德树木园工作，而韩马迪则继续在云南、四川进行采集。随后的1917年韩马迪一路向东，在贵州、湖南以及江西等地采集了大量的植物标本。最终他带回欧洲总计达13000多号植物标本，回国后开始编著《中国植物纪要》。这本书共分7卷，提到小叶冷水花的是最后一卷。但书中有交代，这卷书其实是从1929年开始陆续完成的，其中小叶冷水花这部分就是在这年完成。因此问题出现了，佐佐木舜一和韩马迪，究竟是谁先采集到小叶冷水花标本

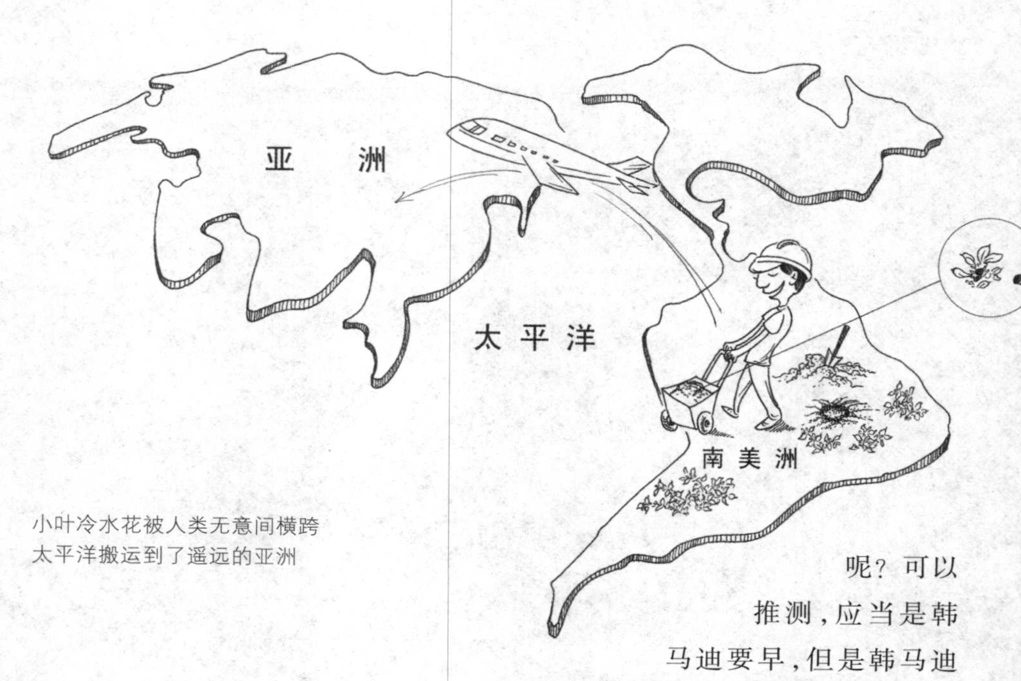

小叶冷水花被人类无意间横跨
太平洋搬运到了遥远的亚洲

呢？可以推测，应当是韩马迪要早，但是韩马迪在书中未引证标本，而且在维也纳自然历史博物馆也没有找到韩马迪采集的任何小叶冷水花植物标本。从实证主义的观点来看，我还是支持佐佐木舜一具有优先权。而且，佐佐木舜一把他采集的标本留在了台湾，也是值得肯定的。

韩马迪丧失了优先权，但这并不表明广

东没有小叶冷水花。事实上，小叶冷水花在我国靠近热带地区的几个省份都有广泛分布。例如，根据《中国植物志》，小叶冷水花在我国的广东、广西、福建、江西、浙江和台湾低海拔地区已成为广泛的归化植物。此外，在云南、海南、江苏、湖南等地也可以经常见到这种植物。至于温室和苗圃，则连北京、山东等北方的省份也可以见到它们的踪迹。它们有些甚至从温室中逃逸，在附近地区开疆拓土。

小叶冷水花

一鸣惊人

俗话说："在家千日好，出门事事难。"一个人来到人生地不熟的外地，要想成就一番事业，不是件容易的事情。同样地，一个物种，来到新的环境中，同样会面临各种各样的挑战，适宜的温度、充分的雨水都是它们赖以生存的条件。

小叶冷水花的入侵

但是，一旦这些条件满足，它们很快就会在新的环境中滋长起来。这是因为，在物种的原产地，这些物种与它们周围的其他物种经历了漫长的生存竞争的过程，最终形成了一种复杂的生态平衡。物种之间通过各种关系相互克制，因而排挤对方实非易事。但是，一旦它们来到了另一个适合生存的全新的环境，情况立即便会不一样。这里不存在它们的天敌，因此它们便开始大量繁殖——过度繁殖是所有生物的禀性。它们仿佛当年第二次世界大战初期希特勒对苏联发动的闪电战，在当地物种还没反应过来的时候，就已经侵占了对方大量的地盘，真是不鸣则已，一鸣惊人！

因此，我们看到小叶冷水花非常漂亮，而且它的肉质茎叶还会使人认为它们也是文质彬彬的，但是它们抢起地盘来，那是一点儿也不比希特勒含糊。在我国南方，阴凉潮湿的环境正好适合它们的生长，于是它们便在这些环境中迅速地繁殖起来，而当地这种环境中的植物难以招架，便纷纷退位给了小叶冷水花。就这样，外表纤弱的小叶冷水花暗中使力，不声不响地将已在当地生存成千上万年的植物驱逐出了家园。

屡试不爽的“美人计”

小叶冷水花的花和果

面对小叶冷水花的攻势，当地植物为什么会有如此的颓势呢？这里很大的程度就是前面提到的原因。当地植物之间知己知彼，发展出了一套相互制衡的策略。这种平衡并非一朝一夕所能形成的，而是物种在漫长的进化过程中形成的，是它们生存竞争的结果。这就是俗话说的“棋逢对手，将遇良才”。可是现在，半路里杀出个程咬金——小叶冷水花的出现，将这种平衡陡然打破了。对于新来的竞争对手，当地的物种完全摸不着头脑，所以只能将自己的地盘拱手相让。

“美人计”屡试不爽

在这场无声的角逐中，小叶冷水花还有一个强有力的援手，那就是人类。而小叶冷水花吸引人类的一个手段就是使得他们屡屡中招的“美人计”。人类信任着一套很奇怪的美学标准，这一点，即使我本人也不能例外。在我们看来，小叶冷水花是美丽的、漂亮的，因此，

小叶冷水花

我们给它取了礼花草、透明草等这些非常具有诗意的名字。而这么多年来，一直与我们做邻居的当地植物却没有获得如此高的礼遇。就像泰戈尔诗里写的那样：世界上最远的距离，不是生与死的距离，而是我站在你面前，你不知道我爱你。因此，我们便依了自己的审美观点，在温室和苗圃里来大量地栽培小叶冷水花，并将它们推销到全国各地。而有更多的人因听到了透明草、礼花草的名声，都在心里想象它们是如何的美丽，也纷纷通过各种渠道购买这种植物到自家的庭院和阳台进行栽种，以便自己随时观赏咏叹。这样一来，小叶冷水花很快便遍布全国各地。

小叶冷水花

小叶冷水花虽然能够年复一年地长出透明般的叶子和弹射出礼花般的花粉，可以避免因“年老色衰”而遭到人类的抛弃，但是它们自己却不甘于只是被局限在温室和阳台上被人观赏。小叶冷水花可不愿做笼中的金丝雀，它们生来就不是为了满足人类那种荒诞的审美情趣，而是有一个目标：尽可能地征服更多的地方。它们做到了。一方面，只要气候条件合适，小叶冷水花便在路边、小溪边成片生长；另一方面，在人类的种植园里，它们也找到了落脚点。小叶冷水花成了种植园中杂草家庭中的一员。

外来物种入侵的途径

外来物种入侵的主要途径：有意识引入、无意识引入和自然入侵。有意识引入主要是出于农林牧渔生产、美化环境、生态环境改造与恢复、观赏、作为宠物、药用等方面的需要，但这些物种最后就可能“演变”为入侵物种。无意识引入主要是随贸易、运输、旅游、军队转移、海洋垃圾等人类活动而无意中传入新环境。自然入侵主要是靠物种自身的扩散传播力或借助于自然力而传入。

从屡屡中招“美人计”可以看出，人类有着许许多多的弱点。可小叶冷水花一旦成了杂草，开始威胁人类的经济利益时，人类又会立即与它翻脸——利益高于一切。当它们欺负我们的“邻居”的时候，我们没有吭声，甚至做了帮凶；现在，它们开始侵占人类的利益了，我们便开始数落它们的罪恶：小叶冷水花把我们的“邻居”赶得无地藏身，使得我们“邻居”的数量骤减；它们还直接入侵我们的种植园，使我们的农业减产。它们简直罪恶滔天，罪不容诛，因此我们要消灭它们。

然而，“请神容易送神难”。迄今，我们面对小叶冷水花的扩张可以说是束手无策，只能采取最低效的方法，也就是动手将其清除。这种方法要求必须在其结果之前将其清除，这样就可以防止种子散落。但是，由于它们已经大面积分布，且有大量的植株散生在各处野外环境中，每个地方的植株都可以产生大量小而轻的种子。只要有一个地方没有清除干净，它们的种子便会四处传播，隔年必卷土重来。因此，要彻底将其清除是不可能完成的任务。

生活在阴凉潮湿处的小叶冷水花

幸运的是，所有生物都会有其局限性。小叶冷水花的短板是必须生活在相对阴凉潮湿的地方。因此，就目前阶段而言，阳光充足或者相对干旱的地区相对安全。另外，小叶冷水花入侵地区的平衡已经打破，但是，新的平衡必将重新建立。在将来，小叶冷水花也会与其他物种达成相互制约的关系，只不过这个时间会相当的漫长，反正我是看不到这个结果了。

作为曾经的帮凶，我们人类应当对自身的行为进行深刻的反省。首先，我们应当认识到，我们周围的物种与我们一起生活了多少年而一直都是相处得十分融洽。所谓“远亲不如近邻”，它提供给我们的东西良多，只是我们可能没有意识到罢了。因此，即使不是站在它们的立场，而是站在我们自身利益的角度考虑，也要保护好这些脆弱的“邻居”。当然，如果能设身处地地为它们着想，认识到一切物种均有其自身的福利，那是最好不过了。就小叶冷水花而言，它们的美丽在于茎叶和花粉喷射的时刻，因此，如果读者朋友们真的很喜欢欣赏这种美丽，那么，请你在其花粉喷射之后、果实长出之前即将其拔除，这样我们既看到了它们的美丽，也阻止了它们的进一步蔓延，岂不两全其美？谨记《老子》中说的“五色令人目盲，五音令人耳聋，五味令人口爽……”，我们控制好自己的欲望，就不会无意中成为帮凶。

愿天下所有人都可以在梦中与透明草相遇。

（黄满荣）

老子

深度阅读

李振宇，解焱. 2002. **中国外来入侵种**. 1-211. 中国林业出版社.

徐正浩，陈为民. 2008. **杭州地区外来入侵生物的鉴别特征及防治**. 1-189. 浙江大学出版社.

徐海根，强胜.2011. **中国外来入侵生物**. 1-684. 科学出版社.

谢贵水，安锋. 2011. **海南外来入侵植物现状调查及防治对策**. 1-118. 中国农业出版社.

万方浩，刘全儒，谢明. 2012. **生物入侵：中国外来入侵植物图鉴**. 1-303. 科学出版社.

松材线虫

Bursaphelenchus xylophilus (Steiner & Buhrer) Nickle

防控松材线虫萎蔫病的发生、传播与蔓延，人们不能单纯地从防治松材线虫入手，更好的办法是针对其传播媒介松墨天牛，把重点放在“杀天牛”上。

首次发现松材线虫为害的南京中山陵风景区

紫金山上的异样“火苗”

南京中山陵风景区位于著名的紫金山南麓，中国近代民主革命的先行者孙中山先生就长眠在这里。整个陵墓建筑用的都是青色的琉璃瓦，含天下为公之意，以此来显示孙中山为国为民的博大胸怀。

中山陵坐北朝南，傍山而筑，由南往北沿中轴线逐渐升高，主要建筑有牌坊、墓道、陵门、石阶、碑亭、祭堂和墓室等，排列在一条中轴线上，周围则由茂密的紫金山森林环抱，体现了中国传统建筑的风格。从空中往下看，整个建筑群就像一座平卧在绿绒毯上的“自由钟”。

马尾松

黑松

除了气势宏伟的建筑群外，中山陵风景区秀丽的自然景观同样让人赏心悦目。在长达1000多年的历史进程中，紫金山森林历经沧桑，多次毁于战火。后来，人们在紫金山上全面进行绿化造林，大力种植黑松、马尾松以及栎类、枫香等阔叶树种，通过引种补植更新、植被封育和自然演替，逐渐形成针阔混交的人工次生林，呈现出一片浓郁苍翠的壮丽景象。对于南京市来说，这片城市森林还具有涵养水源、保持水土、防风固沙、调节气候、净化空气、减少噪声、保护和美化环境，以及保护生物资源等作用。随着城市人口剧增，工业化进程加速发展，城市环境质量迅速下降，作为城市环境的生物过滤器，南京市拥有的这座城市森林公园显得尤为重要。

谁是“纵火犯”

1982年夏秋之间，人们忽然发现，在紫金山森林中的一部分针叶林上出现了许多赤红的颜色，好像“火苗”一般。然而，当人们带上扑灭山火的工具，匆匆赶到“着火”地点时，却在喘息未定间发现并没有所谓的火灾发生。不过，眼前的景象却令人们更加愕然和惶恐：这些树龄在30～60年，松针变成赤红色的松树已经整株枯死，总数多达40余株。

如此严重的事件，究竟是什么原因造成的呢？专家鉴定的结果很快就出来了。原来，这里发生的是松材线虫萎蔫病，也叫松树枯萎病，是松树的一种毁灭性病害，危害大、蔓延快，有松树的“癌症”“艾滋病”之称。在发现病害的当年，紫金山森林中病死的松树就达265株。至1986年年底，南京市内、市郊病死树木累计达140万株。其中，前期染病的以黑松为主，随后马尾松、海岸松、火炬松、赤松、千头赤松、白皮松等也纷纷染病。

这是在我国的针叶林中首次出现的松材线虫萎蔫病。不过，早在1905年，在

松材线虫为害后的马尾松就像“着了火”一样

松材线虫的寄主——马尾松

日本九州的长崎就发生过这样的“火灾”，此后，在日本的很多地方都是“火势”不断，除了北海道外，松材线虫萎蔫病几乎在日本全境都有发现，似乎整个日本的松树林都被“点燃”了。在几十年间，由于人们找不到对灾害合理的解释，更找不到有效的治理办法，只能任其肆虐地发展下去。

缉拿“纵火犯”的工作一直持续到20世纪60年代，科学家才终于宣告了对这个奇特案件的侦破。原来，这种病的元凶就是松材线虫——一种主要寄生在松树体内而导致树木迅速死亡的毁灭性害虫。

松材线虫侵入松树后，在大量繁殖的同时不断移动，逐渐遍及全株。病树呼吸速率升高，蒸腾作用降低，随后树脂分泌急剧减少、停止，同时针叶萎蔫、变黄，最后整株枯死。而染病的松树死亡前唯一可以观察到的外部症状就是针叶

松材线虫为害后的树皮症状

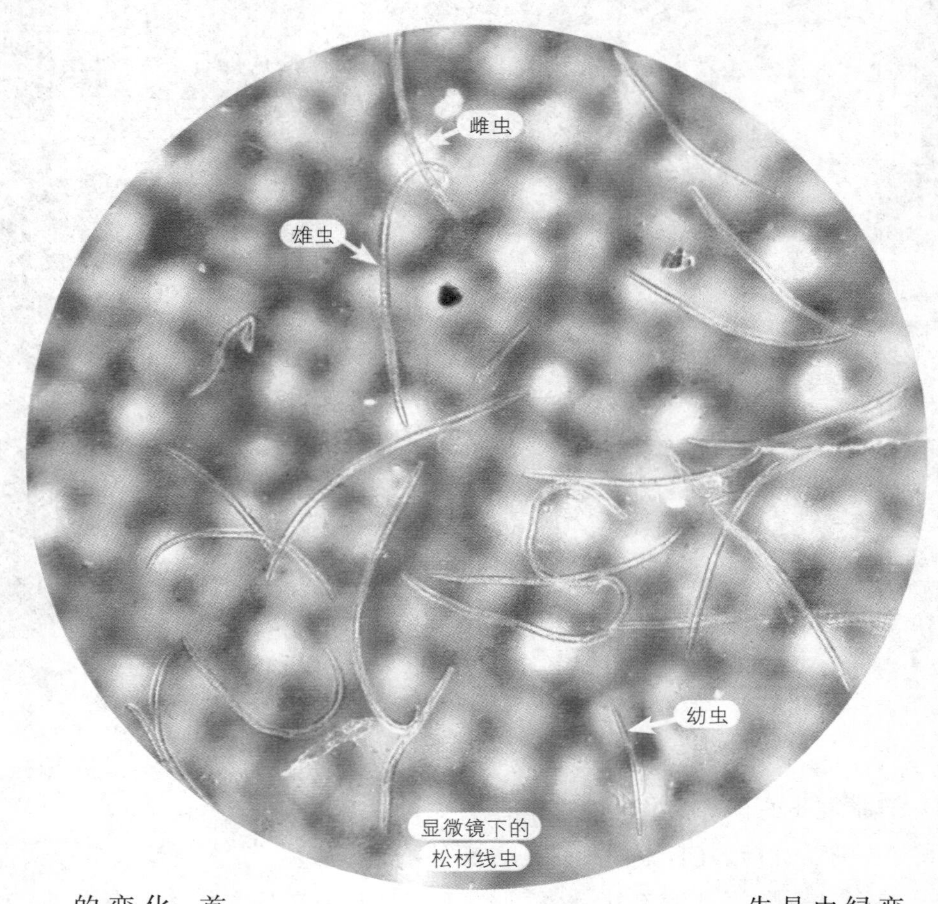

显微镜下的
松材线虫

的变化，首先是由绿变黄，大多数从树冠上部开始，从老叶发展至嫩叶再扩散至全部针叶，当全部针叶都变成黄色时，就会呈萎蔫状，“松材线虫萎蔫病”的名称即由此而来。松树枯死后，针叶就呈现红褐色或赤红色，但它们会整齐地挂在松枝上，不脱落。松树一旦染上这种病就很难治愈，一棵松树从发病到死亡仅2～3个月，最快的只需40天。

“纵火犯”松材线虫*Bursaphelenchus xylophilus*（Steiner & Buhrer）Nickle隶属于线形动物门线虫纲伞滑刃属。成虫体形细长，但很小，只有1毫米左右。成虫有雌雄之分，通常每对“伴侣”形影不离、合抱着生长。区分它们的一个有效方法就是借助显微镜观察其尾部：尾部近似圆锥形、末端为圆形的是雌虫；而尾部好像鸟的爪子、朝腹面弯曲的是雄虫。

松材线虫的一生可分为卵、幼虫和成虫等几个时期。别看其身体很小，它们快速强大的繁衍能力却令世人咋舌。松材线虫成熟之后，在1天之内就开始交尾，然后每只雌虫可产下大约100粒卵。当温度适宜时，这些卵即可孵化出1龄幼虫，然后又蜕皮，成为2龄幼虫，整个过程仅需要1天多一点的时间。在接下来的一天多时间里，2龄幼虫将进行两次蜕皮而最终成为4龄幼虫。从4龄幼虫开始，松材线虫分化出不同性别，再到发育成熟也只需要2天的时间。因此，松材线虫经常是“几世同堂”地生活在一起。

松材线虫原产于北美洲，现在在世界上的分布区包括北美洲的美国、加拿大和墨西哥，亚洲的日本、韩国和中国，欧洲的葡萄牙以及非洲的尼日利亚等地。松材线虫萎蔫病在我国自首次发现之后，又以每年6000公顷的速度，向江苏、安徽、浙江、广东、上海、山东、湖北、重庆、云南、湖南、江西、贵州、台湾和香港等地扩散，累计枯死松树达数千万株，对我国南方的松林资源、自然景观和生态环境造成了严重的破坏。

搭乘“松墨天牛航班”

松材线虫本是一群“井底之蛙”，没有外界的帮助，一株松树就是世界的全部。它们的自然传播，即在林区植株之间的传播，是靠携带松材线虫的媒介昆虫协助完成的，其传播的空间距离就是媒介昆虫活动的距离。

寄生在松材线虫感病树中的钻蛀性害虫，许多种类都可携带松材线虫。在它的原产地，就有卡罗莱纳墨天牛等，是它的主要“帮凶”。松材线虫虽然是外来的害虫，但它来到我国之后，马上就找到了不少“臭味相投”的“密友”，与当地的一些松树害虫们“勾搭”上了。这些能够携带松材线虫的媒介昆虫主要是隶属于天牛科、吉丁科、象虫科、小蠹科和白蚁科的种类。

松墨天牛成虫及羽化孔

不过，并非所有能携带松材线虫的昆虫都可以传播松材线虫萎

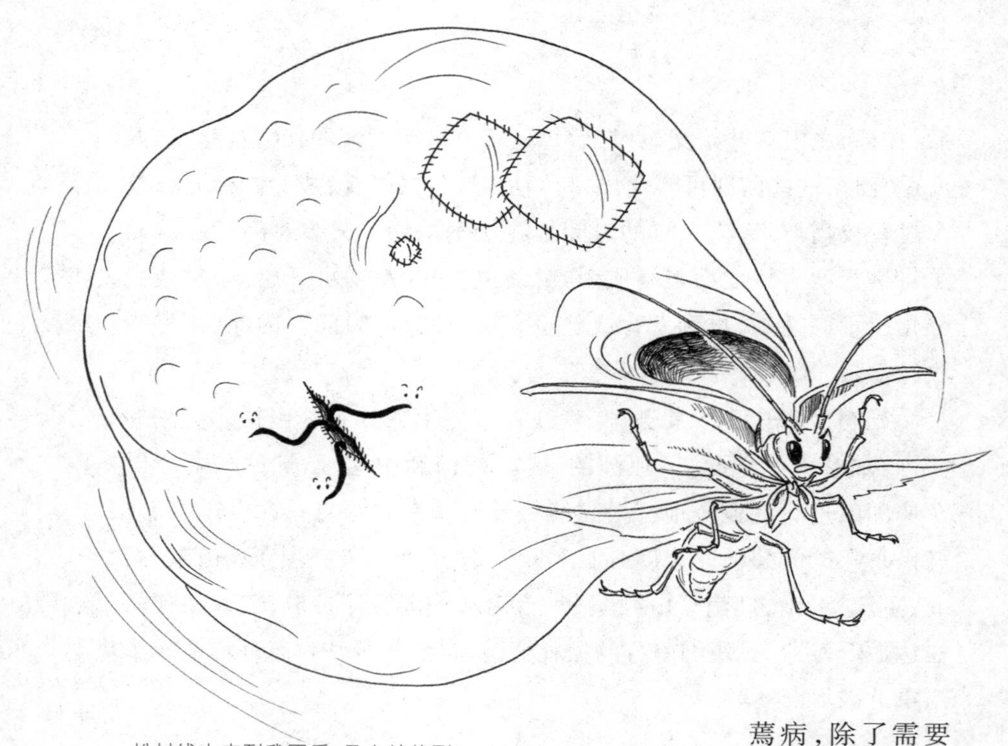

松材线虫来到我国后，马上就找到了它最理想的“伙伴”——松墨天牛

萎病，除了需要具有一定的种群密度和一定的携带量外，生活史还要与松材线虫的生活史相吻合才行。所以，虽然能够携带松材线虫的昆虫种类有几十种之多，但它的“帮凶”主要是隶属于墨天牛属的种类。这表明，通过长期的协同进化，松材线虫已经与墨天牛属的昆虫在生活史上达成了高度的一致。

因此，松材线虫来到我国后，马上就在当地所产的墨天牛中找到了它最理想的“伙伴”——松墨天牛。它简直就像是为了松材线虫而生的，其与松材线虫“默契配合”的熟练程度，令人瞠目结舌。在所有松材线虫的“帮凶”中，松墨天牛携带松材线虫的量最大，每头可携带数千条，甚至数万条，最多的一头竟达28.9万条！而其他种类的昆虫携带量大多比较小，有的甚至不足10条/头。

下面，让我们看看松材线虫是怎样与松墨天牛狼狈为奸的。

事实上，松墨天牛本身就是一种蛀干害虫，马尾松、黑松是它的最爱，这一点与松材线虫出奇的一致。

松墨天牛倾向于选择将卵产在衰弱木或新伐倒木上，因为幼虫最怕从卵里孵出来就被健康松树分泌的松脂包裹，它们对于变成琥珀没有任何兴趣。雌虫先沿树干垂直方向咬一个呈漏斗状、细长眼状或“一”字形的刻槽，然后产下1～2粒卵。一般来说，雌虫一生需要咬刻槽90～400个。刚刚孵化的幼虫就靠取食松树皮下边材充饥，在补充体力的同时，顺势蛀食松树内皮层的韧皮部，形成弯曲细线状的蛀痕，并排出大量粗纤维状的白色纤维蛀屑和褐色粉状物。如果树干内虫口密度相当大时，就会破坏输导组织，导致松树养分输送中断而引起松树死亡。2龄幼虫逐渐向边材表面取食，3～4龄幼虫穿凿扁圆形孔侵入木质部向着树干的木质部进军，一边取食一边争先为自己刻凿出新的椭圆形坑道，一个坑道只容1头幼虫，然后封闭入室通道，幼虫即在蛹室中化蛹。一般蛹期为10～23天。

松墨天牛蛹和幼虫

就在松墨天牛在蛹中度过寒冬的时候，在同一株树内正值3龄幼虫的松材线虫们也正在策划如何顺利地赶上“航班”。因此，每一个松墨天牛蛹室的附近都云集了几万只3龄松材线虫幼虫。它们以滞育幼虫的“身份”与松墨天牛的蛹一同进入越冬期。它们一面“候机”一面紧锣密鼓地蜕变为4龄幼虫。春末正值松墨天牛即将羽化为成虫的时节，所有的4龄松材线虫幼虫整装待发，早早地聚集在择定的蛹室门口，时机到达便一股脑地冲向松墨天牛，先是爬到它的身上，大量地集中在松墨天牛的头部和胸部，再涌进它全身的气管，包括触角和腿的气管内。没有抢得“头等舱”的松材线虫即使粘在它的体表也心满意足。对于它们来说，“航班”性能良好、安全可靠，是它们最好的交通工具。

春末夏初是松墨天牛成虫羽化最旺盛的时节。在“破茧”而出

松材线虫为害后松针变成赤红色

之后，松墨天牛还要在蛹室里待上7天左右，等体壁稍稍变硬、略为强健后才咬破树表皮，从空洞里钻出来。几乎每一只初长成的松墨天牛钻出松树的一刹那，它的身上都载着成千上万名“松材线虫乘客”。

羽化后从松树中出来的松墨天牛成虫，行动活泼，多向上爬行或做短暂飞翔。其实，松墨天牛并不喜欢飞行，其飞行水平也不算高，飞行距离也很有限，在纯林内的活动范围均在100米以内。但是，如果它们被裹在大风中，依靠气流的力量就可以完成很长距离的旅行；如果它们更为侥幸地遇到了台风，那就更会被刮到数千千米之外了。

携带松材线虫幼虫的松墨天牛，会在健康树上补充营养和在衰弱木上产卵并造成伤口。它体内的松材线虫顺势“下机”，先通过松墨天牛气门从气管移出至体表，再爬向松墨天牛尾尖，最后脱离松墨天牛，并通过松墨天牛在树上造成的伤口侵入松树体内，从而给树木造成新的病害。

10天之后，刚刚成熟的松墨天牛就开始寻觅异性，然后交配、产卵，又一个轮回即将开始。有的松材线虫还趁雌虫在生长衰弱或濒死的松树上产卵的机会，进入松树体内为害。

成功地订购了“松墨天牛航班”，松材线虫就能够在我国南方各地四处流窜、扇风“纵火”了。

知识点

植物寄生线虫

植物寄生线虫是指侵袭和寄生植物并引起植物病害的一类线虫。受害植物可因侵入线虫吸收体内营养而影响正常的生长发育；线虫代谢过程中的分泌物还会刺激寄主植物的细胞和组织，导致植株畸形，使农产品植物减产和质量下降。在我国为害较为严重的植物线虫有花生等多种作物的根结线虫、大豆胞囊线虫、小麦粒线虫、甘薯茎线虫、水稻干尖线虫、粟线虫、松材线虫、柑橘半穿刺线虫等。

当松材线虫在一棵健康的松树上顺利登陆后，大约3个小时即可深入进松脂10厘米左右，两天后即可蜕变为成虫，不出几日就可以开始繁殖下一代。它们先是诱使松树组织过多地合成出萜烯类化合物质，误导松树自动开始减少油脂的分泌，然后自己大量分泌纤维素酶，使松树的细胞壁内负责保护细胞内含物的纤维素迅速分解，松树的木质部被严重破坏。松材线虫再通过大量分泌毒素，轻松地破坏掉松树的薄壁组织和负责油脂分泌的细胞。这样的趋势渐渐地蔓延开去，直到遍及整棵松树。一边是病入膏肓，松树从皮层到木质部的组织被严重破坏；另一边却是生机勃勃，松材线虫家族日趋强大——新鲜的虫卵和2龄幼虫遍布在木质部和皮层的松脂管中。

缉拿“纵火犯”

除了“松墨天牛号”这个天然的“航班”外，“人类号”这种不定期却“航线”更为繁多的“航班”，在松材线虫的扩散过程中更是起到了推波助澜的巨大作用。

事实上，松材线虫萎蔫病的远距离传播主要是通过调运包括各种松材线虫侵染源载体（如病死木及由病死木加工的板材、包装材料、填充木等）等人为活动实现的。这种传播方式不受空间距离的限制，甚至可以漂洋过海。由于人们对这种传播方式认识不够，对疫区

森林中的南京紫金山天文台

内清理下来的病死木舍不得将其销毁，总是想办法加以利用，于是这些病死木就被用作包装材料、衬垫木等，如果这些病死木没有经过检疫处理或处理不彻底，就给松材线虫的传播创造了条件。据说，我国首次发现的松材线虫，就是由南京紫金山天文台从日本进口的光学仪器包装箱中携带的松材线虫传播媒介——松墨天牛传入的。

因此，要杜绝松材线虫萎蔫病的人为传播，必须做到严格检疫，健全法律法规，提高全民的法律意识，只有这样才能从根本上切断松材线虫萎蔫病在国家之间、地区之间的传播。

在我国南方松材线虫入侵的地区，不仅有大片的森林资源，而且还有黄山、武夷山、张家界等世界闻名的以松林为主要生态景观的风景名胜区。松材线虫的入侵对这些风景区构成了严重威胁，绝不能小视。例如，黄山以奇松、怪石、云海、温泉"四绝"著称于世，其中尤以包括著名的"迎客松"在内的千姿百态的黄山松点缀着雄峰峻岭，"无石不松，无松不奇"，被誉为"四绝"之首。松材线虫一旦入侵黄山风景区，将会在很大程度上破坏景区的松林景观，对黄山的旅游业和生态环境造成巨大的破坏。

鉴于松材线虫入侵的严重后果，我国有关部门在确定了松材线虫的"纵火犯"身份以及松墨天牛的"帮凶"身份之后，便首先在我国松材线虫萎蔫病的首次发现地——紫金山森林打响了剿灭松材线虫的战斗。

从1983年开始，每年5～6月份在松墨天牛成虫的活动期采用航空喷洒杀螟松来杀灭松墨天牛成虫，并连续进行了10年之久，起到了一定的遏制松材线虫萎蔫病蔓延、减缓松树死亡的作用。化学药剂在病虫害防治中以速度快、效果好，能在病虫害大暴发时迅速将害虫控制在危害水平以下见长。但它是一把双刃剑，大量使用也会杀伤害虫的天敌，破坏自然生态系统的平衡。在紫金山森林大规模连续喷洒化学药剂情况下，在杀灭松墨天牛成虫的同时，也使螳螂、步行虫、赤眼蜂、黑卵蜂等有益昆

松墨天牛的天敌——赤眼蜂

受松材线虫威胁的风景名胜区——黄山

受松材线虫威胁的风景名胜区——武夷山

黑松

虫中毒死亡。1987年还出现了栎林害虫黄二星舟蛾的大发生。而在此期间，国内其他地方也相继发现了松材线虫萎蔫病，紫金山森林松材线虫的防治在“拔点除源”方面的意义已不复存在。因此，为了避免连续大面积航空化学防治对环境的影响，于1993年停止了飞防工作。

松材线虫的“杀手”——捕食螨

后来，针对松材线虫萎蔫病治疗采取的措施，主要是利用高效内吸性杀虫剂进行树干打孔注射或根部浇灌的施药处理。这种方法不仅能降低病害的发生率，而且还能延缓发病进程。一些出现局部症状的植株，经治疗后又焕发生机，病死率明显下降。

有趣的是，松材线虫来到我国后，虽然能很快就找到它的“帮凶”，却也招来了“杀手”，这就是捕食螨。而且，这些“杀手”就隐藏在其“帮凶”的身体上，这是让人万万没有想到的。一只松墨天牛身上往往同时可附着几种捕食螨，其数量一般有数百头，最多可达1875头。松墨天牛身体上附着的捕食螨数量愈多，其携带的松材线虫数量就愈少。

捕食螨不仅附着在松墨天牛的老熟幼虫、蛹和成虫的虫体上，而且不同的捕食螨对松墨天牛成虫附着的部位也有明显的选择性，从其头部腹面至前胸腹板间、从腹部侧板到腹部背板、气门内及气门周围都大量存在，有些甚至

螳螂是松墨天牛的天敌

受松材线虫威胁的风景名胜区——张家界

潜入气门里边。在松墨天牛成虫身体上附着的捕食螨大多数系2龄若虫。它们靠捕食松墨天牛蛹室内和虫体上的松材线虫生长发育繁殖,尤其善于用触肢夹住松材线虫的头部或尾端,用铗角撕破线虫表皮,取食内脏。

啄木鸟也是松墨天牛的天敌

釜底抽薪

《三十六计》里有一计叫“釜底抽薪”,顾名思义,是指从锅底下抽出柴草,使水停止沸腾,比喻从根本上解决问题。因此,要防止松材线虫萎蔫病的发生、传播与蔓延,不能单纯地从防治松材线虫入手,更好的办法是针对其传播媒介松墨天牛,把重点放在“杀天牛”上。如果能有效地控制松墨天牛,便能达到遏制松材线虫萎蔫病扩散和蔓延的目的。

松墨天牛的防治措施主要有强化检疫、清理病死木、熏蒸病死木、飞机喷药、饵木诱杀、病死木切片、锯板烘干、水浸、土埋、热水加温、林分更新改造、营造抗病树种以及生物防治,这些措施均有良好的防治效果。

在松材线虫萎蔫病的侵染循环过程中,松墨天牛的成虫期是媒介昆虫和病原线虫唯一暴露在空间的时间。在这个时期内采用诱杀、扑杀松墨天牛成虫的方法,既能取得事半功倍的效果,又能起到一箭双雕的作用。

管氏肿腿蜂成虫

由于松墨天牛具有危害隐蔽和各虫态发育不整齐等特点,化学农药等防治方法难以有效控制其虫口密度,因此，利用天敌开展生物防治成为更为重要的防治措施之一。

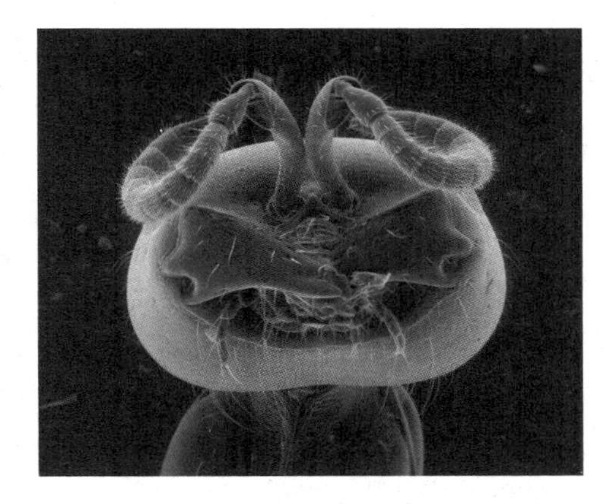

管氏肿腿蜂头部电子显微镜图

松墨天牛的天敌包括病原微生物如真菌、细菌、捕食或寄生性昆虫、寄生性线虫，以及啄木鸟等捕食性鸟类，总共有100多种。其中，寄生蜂是目前生物防治中“以虫治虫”应用较广，效果较显著的一种重要天敌。目前，我国用于较大面积防治松墨天牛的天敌昆虫主要有管氏肿腿蜂和花绒坚甲。

管氏肿腿蜂在松墨天牛幼虫上的寄生行为包括聚集、游走、检验、蜇刺、清理寄主、取食、产卵、休息等行为过程。管氏肿腿蜂的数量通常由少到多，纷纷爬到松墨天牛幼虫身体上，先是在其体表来回游走，不时用触角拍打松墨天牛幼虫的身体，特别是不停地点击其头部前方区域，然后在其节间和两侧气孔附近等合适的位置咬紧，同时用两只触角清理它体表的杂物，又不时地用两只前腿清除粘在触角上的垃圾，有些像就餐前的仪式。管氏肿腿蜂取食时，用两个巨大有力的颚在松墨天牛幼虫节间“脊部”咬

个别身体健壮的松墨天牛幼虫很难被麻醉，要对管氏肿腿蜂做最后的抵抗

花绒坚甲成虫

出一个洞，然后享受美味。最后，管氏肿腿蜂的尾部不停地一边左右做扇形摆动，寻找更合适的刺入点，一边不时地用尾针蜇刺、注射毒液以麻痹寄主。每次蛰刺持续的时间很短，毒针刺入寄主体内后立刻拔出。在管氏肿腿蜂与松墨天牛幼虫搏击最激烈时，松墨天牛幼虫的身体因受到叮咬和蜇刺，会剧烈扭动，不停翻转，而管氏肿腿蜂则死咬不放。双方僵持一段时间后，松墨天牛幼虫开始被麻醉，行为上变得较为迟缓，管氏肿腿蜂便趴在松墨天牛幼虫的身体上休息。

花绒坚甲蛹

也有个别身体健壮的松墨天牛幼虫很难被麻醉，它们就对管氏肿腿蜂做最后的抵抗，而管氏肿腿蜂为了能将尾针刺入其体内，用两颚咬住松墨天牛体表“脊部”，以保证不被甩脱，腹部则向前面弯曲，几乎成90°，刺入松墨天牛幼虫体内。在与寄主搏斗的过程中，也偶有管氏肿腿蜂会葬身寄主的“虎口”。

花绒坚甲幼虫

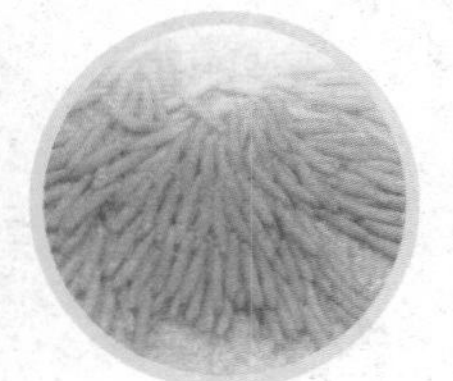
花绒坚甲卵

3天后，管氏肿腿蜂的腹部开始膨大，呈半透明状态，腹节间开始被拉伸，肉眼可看到清晰的透明环纹，而所有松墨天牛幼虫均被麻醉，失去反抗能力，呈僵直状。大多数管氏肿腿蜂在松墨天牛幼虫的身体上静止不动，只有个别的以尾端代替触角不断在松墨天牛体表上点触探索，或左右摇摆，或向后退，并且尾针不时伸出体外，但并不刺入其体内。5天后，管氏肿腿蜂腹部体积进一步变大，重量增加，其行动变得吃力，腹部不再像先前那样翘起，只能拖着前行。这时的管氏肿腿蜂更多的时间是附在松墨天牛幼虫的身体上，看上去比较慵懒，但仍不停地用触角点击松墨天牛幼虫的体表，似乎仍在寻找合适的产卵地点。在适宜的条件下，管氏肿腿蜂就可以成功地在松墨天牛幼虫的体表产卵，完成它的寄生行为。

与管氏肿腿蜂相比，花绒坚甲攻击松墨天牛的“花样”更多，其幼虫可以寄生在松墨天牛的幼虫和预蛹上，而成虫则善于捕食松墨天牛的幼虫、预蛹和蛹。有趣的是，花绒坚甲成虫偏好捕食个体较小的松墨天牛的幼虫，而其幼虫则偏好寄生在个体较大的松墨天牛幼虫上。

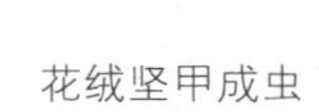
花绒坚甲成虫

虽然都是寄生虫，但它与其他寄生虫，如松材线虫等寄生方式有明显的不同。花绒坚甲的“寄生”仅仅发生在它的幼虫阶段，而成虫阶段自由生活；在“寄生”过程结束时，它的寄主往往被杀死，所以称为外寄生。而花绒坚甲的成虫阶段则为完全的捕食活动。

花绒坚甲又叫花绒穴甲、木蜂坚甲和缢翅坚甲等，它以成虫在树皮缝、树洞和蛀道等处越冬。翌年春天气温回升时，成虫出蛰活动，在遇到松墨天牛后便进行捕食，补充营养后开始交配产卵。卵产于寄主蛀道壁上或粪屑中，还可以在寄主体表产卵，产卵量达33～419粒，几十粒至上百粒排成一片，或1至几粒成1堆。成虫在寄生过程中一般并不直接接触天牛幼虫，所以，它主要是通过化学气味找到其寄主，并在寄主附近选择合适部位而后产卵的。

孵化后的1龄幼虫胸足发达，有很强的爬行能力，能爬行寻找寄主并寄生。它们先将寄主麻痹，再取食其体内物质，补充营养。1头松墨天牛幼虫最多能被31头花绒坚甲幼虫寄生。花绒坚甲幼虫有较强的控制能力，1头花绒坚甲幼虫能将1头长约3厘米的松墨天牛幼虫致死，并将其食尽，很好地完成自身的发育。如果多头花绒坚甲寄生1头松墨天牛幼虫时，在食尽其体内的营养后，花绒坚甲会迅速寻找合适的新寄主，继续进行取食，直到营养足够满足其自身发育为止。花绒坚甲幼虫阶段是其自身个体发育的重要时期，也是对松墨天牛进行防治的一个关键阶段。

花绒坚甲老熟幼虫在取食以后，就在寄主残体所在的蛀道内结茧化蛹，随后羽化为成虫。成虫羽化后在茧内停留1～2天，然后咬破

大片的马尾松被松材线虫害死后，只能补种毛竹

茧壳脱出。花绒坚甲刚刚羽化的成虫以茧壳为食，3天左右将茧壳食尽，以补充身体之需。成虫白天隐蔽，傍晚和夜间活动。

成虫有坚硬的鞘翅，头大部分藏入前胸背板下；复眼黑色，卵圆形。触角短小，端部几节膨大呈扁球形。它的体色为红褐色或灰黑色，与松树皮颜色很相近，可以隐蔽自己。花绒坚甲的成虫有较长的寿命，平均为200天，可以不断捕食松墨天牛的幼虫和蛹，并且能不断地繁衍后代。成虫又有较强的耐饥饿能力，在暂时没有找到寄主的情况下仍然可以存活较长时间，不会很快死亡，这种特性为维持种群的数量提供了保障。

花绒坚甲是蛀干害虫天牛、吉丁虫和象甲等的重要天敌。花绒坚甲一年四季都有发生，1年发生代数多于2代，世代重叠明显，全年可见各个虫态。花绒坚甲在我国由北向南从吉林到广东都有分布。这对于一种本地种天敌的种群形成与壮大，提供了地理上的保证，同时也说明花绒坚甲是一种很有优势的自然天敌。

在应用天敌进行防控松材线虫萎蔫病的同时，我们还要把对松树及环境条件的调控结合起来进行综合防治。

在以松林为主的森林中，清理病死木是大量消灭松墨天牛的有效措施。要建立一支常年的病死木监测清理队伍，做到定期调查枯死树，并随见随清。伐除的木材及枝梢及时运出，集中于料场处理，避免木材下山病死枝梢遗留在林间的现象。对清理下山的病死木全部集中，一律进行溴甲烷的熏蒸灭虫处理，对没有利用价值的病死木枝梢采取集中焚烧处理，确保不让带活虫的原木外流。

在林分内松树死亡后及时进行补植更新。对松材线虫萎蔫病危害的松林及杂阔林内应用"林下补阔技术"，引进苦槠、香樟、石楠、大叶女贞等一些常绿阔叶树种，增加树种的多样性，进一步提高森林生态系统的稳定性和景观质量。将景观观赏性和生态安全性作为引进和配置树种的原则，即根据植被特点、景区观赏对季相变化和色彩要求、不同针叶树种对松材线虫抗性差异等特点，不断通过补植，逐步进行林分结构调整，这样不仅能保证景区的观赏价值，改善森林生态环境，还能成为遏制松材线虫萎蔫病猖獗的有效措施，从整体上提高森林的抗病虫害能力。

（张昌盛）

深度阅读

徐汝梅，叶万辉. 2004. **生物入侵——理论与实践**. 1-250. 科学出版社.

万方浩，郑小波，郭建英. 2005. **重要农林外来入侵物种的生物学与控制**. 1-820. 科学出版社.

万方浩，彭德良. 2010. **生物入侵：预警篇**. 1-757. 科学出版社.

徐海根，吴军，陈洁君. 2011. **外来物种环境风险评估与控制研究**. 1-263. 科学出版社.

万方浩，冯洁. 2011. **生物入侵：检测与监测篇**. 1-589. 科学出版社.

张青文，刘小侠. 2013. **农业入侵害虫的可持续治理**. 1-395. 中国农业大学出版社.

刘桂林，庞虹等. 2003. **我国松材线虫及其传媒昆虫的生物防治**. 中国生物防治，19(4): 193-196.

环境保护部自然生态保护司. 2012. **中国自然环境入侵生物**. 1-174. 中国环境科学出版社.

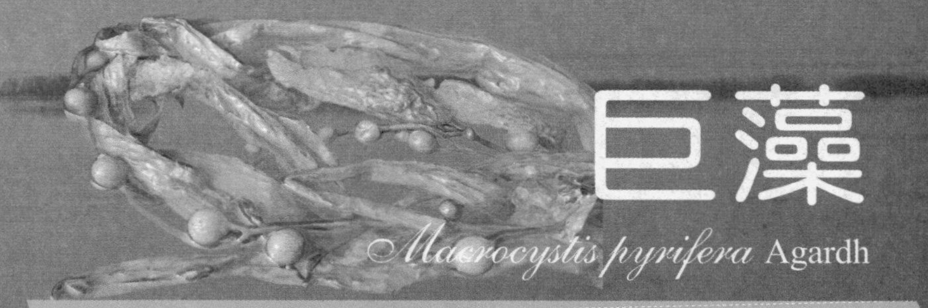

巨藻

Macrocystis pyrifera Agardh

从巨藻的生物学特性中不难看出，它是一个具有潜在危险性的外来物种，一旦它扩散到我国沿海地区，将与土著的盐生植物红树林进行激烈的生态位竞争，造成红树林资源减少，甚至灭绝。要巨藻，还是要红树林？这是个我们不得不面对的问题。

茂密的“海底森林”

说到世界上最大的动物，人们马上会想到陆地上的大象和海洋中的鲸；说到世界上最大的植物，人们也会想到那些遮天蔽日、高耸入云的参天大树，像生长在北美洲的最高可达93.6米、最大直径超过10米的巨杉——“世界爷”，或者是生长在大洋洲的最高可达156米的杏仁桉。但是，在海洋里还生长着一种可以和陆地上这些大树媲美的“藻类之王”——巨藻，知道的人就不多了。

曾经有人说，他们在海上航行时遇到过巨大的海蛇，并且进一步强调说，这种巨蛇可长达千米以上！世界上当然不会有这样长的海蛇，事实上，这种所谓的“海蛇”，就是海洋里的巨藻给人的一种错觉。

对于大多数没有机会看大“海蛇”——巨藻的人来说，还有一个在陆地上见到它的可能，那就是到美国旧金山的一个水族馆里去看它。在这家水族馆里，一个巨大的玻璃展览柜中陈列了一株巨藻，它自一楼向上生长直达五楼，几乎充满了整个玻璃柜，鱼、龟、虾、蟹以及海马等动物均嬉戏其间，而生长在

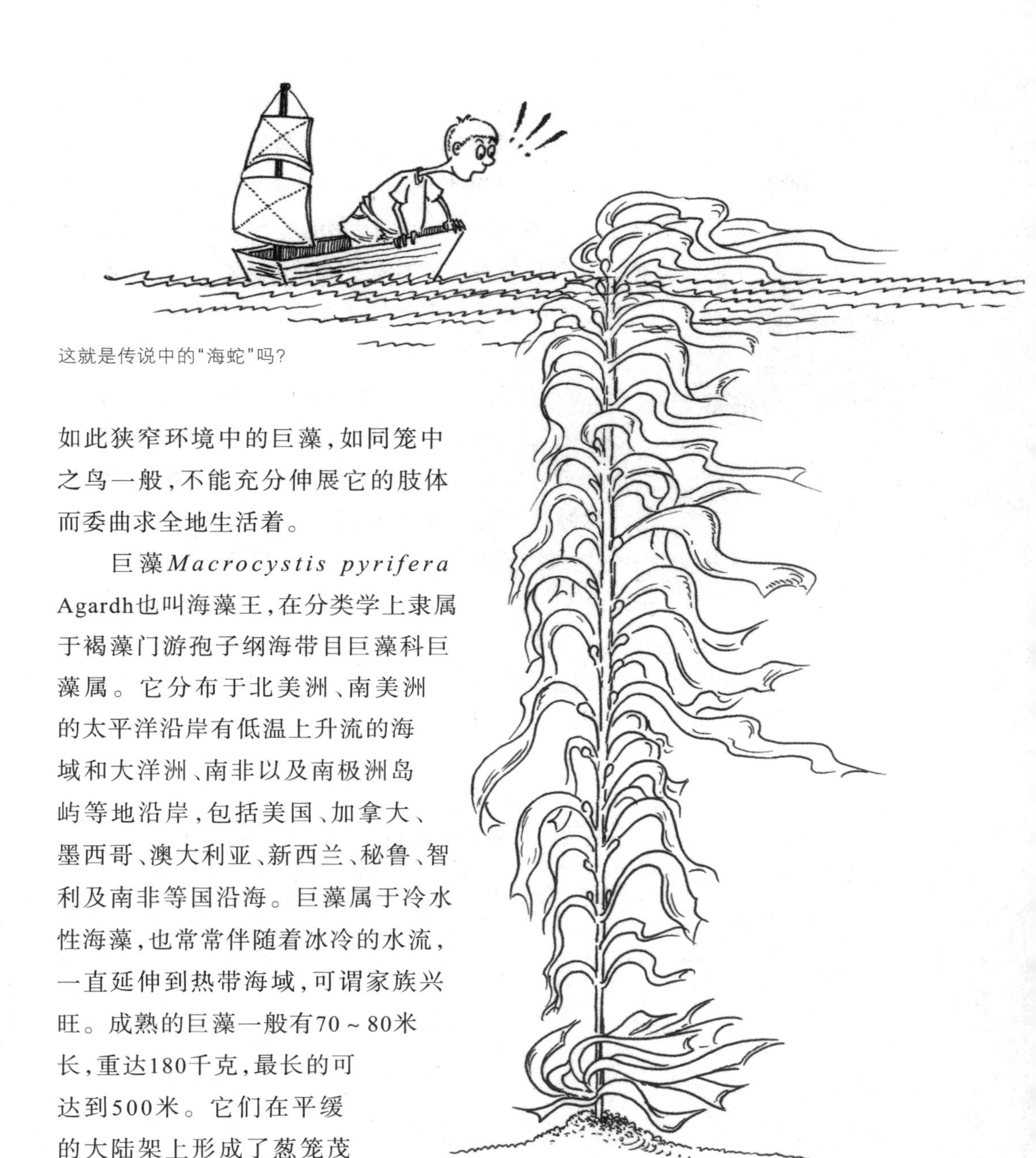

这就是传说中的“海蛇”吗?

如此狭窄环境中的巨藻,如同笼中之鸟一般,不能充分伸展它的肢体而委曲求全地生活着。

巨藻*Macrocystis pyrifera* Agardh也叫海藻王,在分类学上隶属于褐藻门游孢子纲海带目巨藻科巨藻属。它分布于北美洲、南美洲的太平洋沿岸有低温上升流的海域和大洋洲、南非以及南极洲岛屿等地沿岸,包括美国、加拿大、墨西哥、澳大利亚、新西兰、秘鲁、智利及南非等国沿海。巨藻属于冷水性海藻,也常常伴随着冰冷的水流,一直延伸到热带海域,可谓家族兴旺。成熟的巨藻一般有70~80米长,重达180千克,最长的可达到500米。它们在平缓的大陆架上形成了葱笼茂密的“海底森林”。

海洋中的巨藻,一株株、一片片,金光闪烁,在潮涨潮落的海水中摇摆,如参天大树迎风摇曳,格外壮观。实际上,“陆上森林,海底藻林”——这句话是著名生物学家达尔文对巨藻的赞誉,他也是第一个将巨藻比喻成森林的人。这位生物进化论的奠基人曾乘坐“小猎巨藻的“假根”

兔犬”号海轮完成了一次著名的航海考察。当他第一次发现海洋中的巨藻群落时，就被这绝妙的藻林奇观所深深迷住，惊呼“那些依赖巨藻生存的各种水生动物数量大得惊人。我只能将这里的海下世界比作陆地上的热带森林”，“巨藻林不失为世界上最富饶的生物群落，完全可与陆地上的热带雨林相媲美”。在巨藻林中，许多海生鱼类以及其他小型无脊椎动物，均以此为家。在这个天然的隐蔽所里，鱼儿们可以逃避湍急的海流并躲避天敌，海胆、鲍则可以以巨藻为主要食源，远方的海豹、海狮、海獭、海鸟们也会云集而来，在这里寻找美味佳肴。它对维持近岸生态平衡和防止大面积动物病害发生等，都起到了积极的作用。

对此，达尔文还有一段生动的记载：“几乎所有巨藻的叶片上都稠密地覆盖着一层珊瑚的外衣，使叶片变成白色的了。我们这里有极美妙、极精致的建筑物，其中一些上面栖居着简单的水螅虫，另一

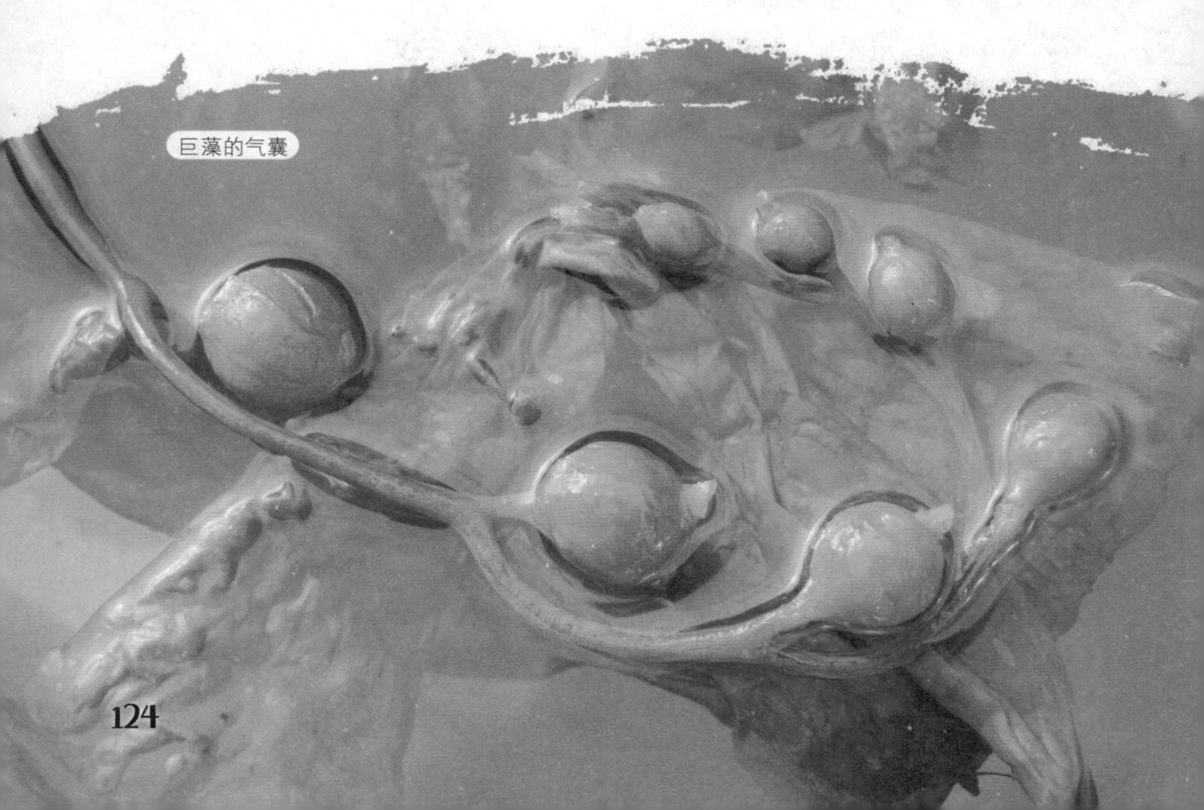
巨藻的气囊

些建筑物上有组织较复杂的动物……在叶片上也吸附着各种软体动物……当抖动一些大的，缠在一起的根茎时，就有大量的小鱼、贝壳、乌贼、蟹、各种各样的海星、美丽的管海参、涡虫和爬动的沙蚕一起落下来……”

巨藻标本

奇特的生存秘籍

巨藻是一种既不开花，也不结果的低等绿色植物。它的“近亲”是大家所熟悉的海带、裙带菜，而且它的形态、颜色和繁殖方法都和海带差不多。

巨藻属于低等植物，一般低等植物没有根、茎、叶的分化，可是巨藻和一些较高级的藻类植物如海带、裙带菜等已经有了类似的分化，分别称为固着器、柄和叶。不过，它们的外部形态和功能虽然已起到了根、茎、叶的作用，但还是与我们熟知的高等植物的迥然不同，所以人们就在前面加了一个“假”字。

巨藻的“假根”不是专一的营养吸收器，因此和真正的根不同。它呈圆柱状，主要作用犹如船锚，巧妙地将巨藻固着于海底，周围交错丛生，两叉分侧枝，固着力强。因此，它的根只能称为一个固着器。巨藻的“假茎”连着固着器，以柄相连，称之为

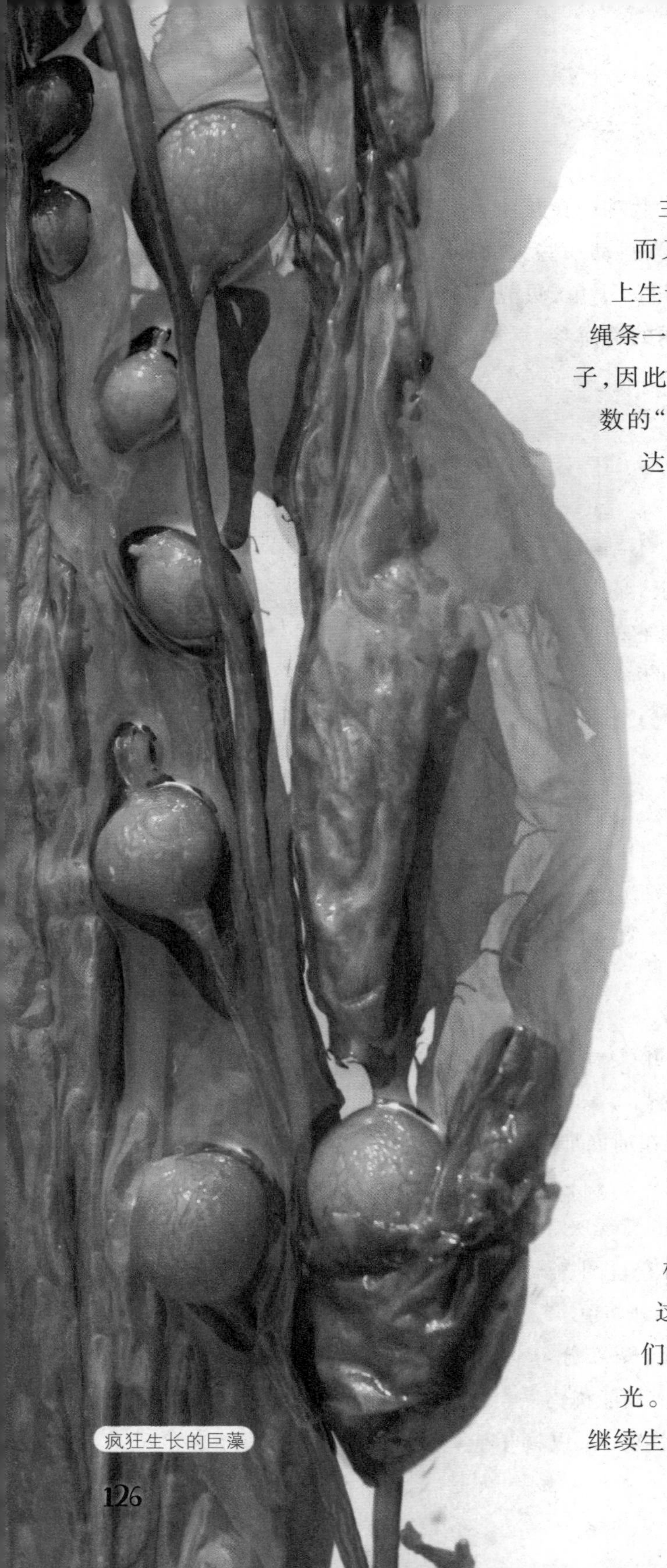

主干，亦为圆柱状，像条粗壮而又结实的绳子。在这根主干上生长着无数植物体，就像一根根绳条一样，每隔10～15厘米生一片叶子，因此在每个植物体上都长满了无数的“假叶”。叶片宽约10厘米，长达1米以上。

“假茎”向上生长达到水面后，就在水面上拐来拐去、顺着海流的方向漂流。它的茎弯曲柔韧，直径一般只有1～2厘米，如此细长的身材，逐浪摆动，真是袅袅婷婷，婀娜多姿。主干上枝叶茂盛，枝无数、叶满枝，每一片叶子依附于叶柄一端的底部，则是一个直径为2.5厘米大小的气囊，我们称之为“气球”，像海面上漂浮的玻璃浮球一样，里面充满一氧化碳气体。巨藻之所以迅速生长，多亏了这些漂浮物，因为只有植物体漂浮在海面，才能使植物进行充分的光合作用。这些漂浮物浮着植物体，使它们向上长，因为上面有充足的阳光。植物体长到水面以后，还会继续生长，特别是率先到达海面的植物体，抓住时机向四周蔓延，形成了一个漂浮在海面的茂密冠层，看上去犹如一个绿色的海洋，充满了生机。叶子呈褶皱状，以便汲取更多的养分，增强光合作用所需的换气作用。于是，它们就在植物顶端疯狂地生长，新叶呈几何级数增加，植物体则随着叶子中间的柄的生长而不断被迅速拉长，每天足可拉长30厘米。这种生长速度，不论在陆地还是在海洋，所有其他植物都望尘莫及。因此，巨藻不论在长度上，还是在生长速度上，都可称得上是“世界之最”了。

知识点

孢子

孢子是脱离亲本后能直接或间接发育成新个体的生殖细胞，孢子一般为单细胞的，也可能是多细胞的繁殖体。由于它的性状不同，发生过程和结构的差异，形成了孢子的多样性。生物通过无性生殖产生的孢子叫“无性孢子”，如分生孢子、孢囊孢子、游动孢子等；反之，通过有性繁殖产生的孢子叫“有性孢子”，如接合孢子、卵孢子、子囊孢子、担孢子等。对于很多生物来说，如植物、藻类、真菌和一些原生动物等，孢子都担当着繁衍下一代的角色。大部分藻类的减数分裂是在孢子形成时进行。孢子一般有休眠作用，能在恶劣的环境下保持自有的传播能力，并在有利条件之下才直接发育成新个体。跟种子不同，孢子本身只有很少的营养储存。

巨藻的植物体呈黄褐色，因为它体内细胞的载色体含有叶绿素A、叶绿素C、β胡萝卜素和6种叶黄素，而叶黄素中有一种叫墨角藻黄素的含量最多。同时在巨藻细胞壁内含有一种叫褐藻糖胶的碳水化合物，它使植物体的表面和内部富含黏液质，以保持体内的水分，尤其在退潮时，使暴露在空气中的藻体免于干燥。

虽然巨藻漂浮在水面的茂密的冠层会遮住植物的下半部，限制其进行光合作用。但是，它们可以将制造的营养借助于柄上特殊的传送细胞输送到海面下的植株部分。巨藻的“假茎”的中央有髓，由无色的长细胞组成，长细胞之间有类似高等植物筛管的构造，被称

巨藻

为“喇叭丝”。巨藻体内产生的溶解状的碳水化合物——甘露醇就是由喇叭丝转移并输送到其他部位的。奇特的是，这种原始的简单输送系统传送糖的速度与陆地高等植物复杂的输送体系相差无几。于是，科学家们正试图揭示其高效输送系统的奥秘，以便将其原理运用于现代科技领域。

巨藻虽然巨大无比，但它的微观体——孢子却只能在显微镜下观察。它的孢子呈圆形，长在一种称为孢子叶（生殖器官）的特殊叶片上，孢子叶着生于巨藻体的基部。孢子略重，时机一到便落入水中，随波逐流，最后慢慢沉入海底。孢子虽小，但它身怀两把巨桨——两根鞭毛，每秒钟足可移动20倍体长的距离。孢子十分善于寻找海底佳境，在那里“安家落户”之后便开始“生儿育女”了。巨藻

达尔文是第一个将巨藻比喻成森林的人

的生育十分有趣，它们分别长成十分微小的雌雄两种植株，却只有一个细胞那样大，几周后分别产生精子和卵子。精卵结合的过程也具有浪漫色彩，在受精前，总是雌性植株主动，生产并释放一种对雄体具诱惑力的化学物质，使雄性植株因冲动而排放精子。精子快速游向卵子，然后合二为一。由于精子的嗅觉不灵，其有效嗅觉的距离大约仅有1毫米，所以通常只能在邻近的雌雄植物体之间进行结合。受精卵发育为胚胎，慢慢长大，又长成了我们肉眼可见的宏观植物。如此交替循环，构成巨藻的整个生活史。通常一个繁殖周期需一年的时间才能完成。令人惊叹不已的是，每片孢子叶可产生100亿个孢子，而每株植物上又可长出100多个孢子叶，每年产两季，这样算来，每株植株在其短短几年的一生中便将产生超过10万亿个孢子。

海岸线上的"防护堤"

通常，巨藻生长在低潮线以下7～30米水深的海区，水温一般在23℃以下，但也能耐受25～26℃的高温。它喜欢居住在海洋中礁石的表面，蔓延滋生，缠绵不断，从海底一直伸向海面。

温度适宜、水质肥沃的海区非常适于巨藻的生长，它的发达的假根牢固地附着于海底的石块或岩礁上，一株株连接起来好像一堵篱笆墙，面积一般在0.5～2平方千米，最大可达数百平方千米。当大海发怒时，惊涛骇浪有时能冲毁码头和钢筋混凝土的防波堤。《老子》"天下莫柔弱于水，而攻坚强者莫之能胜，以其无以易之"，就是最好的证明。可是，巨藻也深知以柔克刚的精妙之处。海浪虽猛，只可以把巨藻冲弯，却不能把它折断，反而渐渐消磨了自己的脾气，往往无功而返。一大片巨藻能形成一道天然的防波堤，保护着海岸、码头和船只免遭风浪的破坏。达尔文在他的环球航行时的日记中曾对巨藻有这么一段描述：

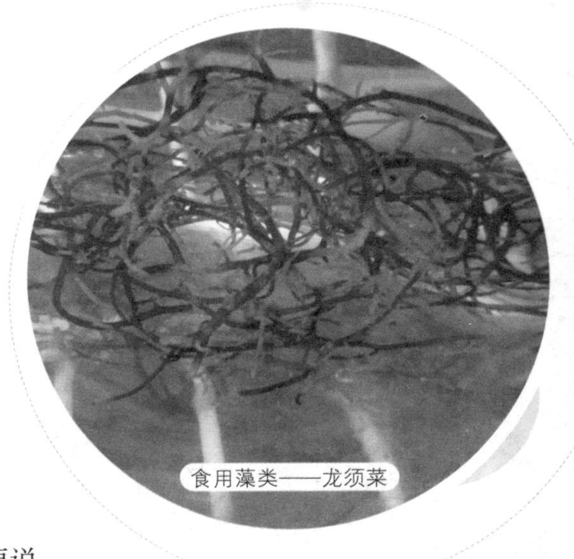
食用藻类——龙须菜

“几乎没有一块靠近海面的岩石不缠满这种浮动的藻类……这种海藻曾不止一次地把船舶从旋涡中解救出来，愈加使我惊奇的是，任何一种岩石无论它多么坚固都不能长期抵挡住这种激浪，而这种植物却能在西方海岸的强大激浪中繁殖起来……”早在17世纪时期，聪明的欧洲人远航到新大陆的指明灯就是巨藻。他们知道巨藻冠层意味着海洋下为浅滩，一旦出现巨藻，便说明航船离陆地很近了。

巨藻的受益者不仅局限于藻林群落之内。因为这些巨藻在被消耗完之前就会因海上风浪而漂浮到巨藻林的外面。然后，这些巨藻将成为一种颗粒状的或者易溶解的有机物质进入食物网，成为大量的近海和深水动物的食源。

当然，枝繁叶茂的巨藻有时也会给人带来不少麻烦。例如，大量的巨藻会像绳子一样缠绕在船桨上，使机器减速，甚至停顿。巨藻也常常使需要登陆的人寸步难行，因为沿着黏滑的藻类向岸上攀爬是非常困难的。

取之不尽的宝库

巨藻有很高的经济价值。它含有谷氨酸、丙氨酸等18种氨基酸，还有多种维生素、矿物质和一些微量元素，是家畜、家禽和鱼类比较理想的饲料或饵料。

将巨藻干燥后粉碎，可作蛋鸡饲料添加剂。由于巨藻中含有丰富的碘，用添加巨藻粉的饲料喂鸡，所产出的高碘蛋，其含碘量可增加十几倍或几十倍，效果优于海带，可治疗高血压病。

另外，从巨藻中提取的粗褐藻酸钠可作鱼饲料黏合剂。这种黏合剂不仅能使鱼饲料压制成在水中不易失散的颗粒饲料，而且能增加鱼饲料的营养成分。

巨藻可以制造五光十色的塑料、纤维板，具有重要工业价值。从巨藻中还可以提取褐藻胶、碘、甘露醇等多种化工原料。其中，甘露醇是一种无毒、无味的淡黄色粉末，为重要的化工原料，能制造炸药、破乳剂和赋形剂等，可用于医疗及国防部门。巨藻还可以提取一种叫作藻胶的胶液，广泛用于黏着剂、稳定剂、乳化剂、化妆品、肥皂、补牙剂、模制材料及其他医药制品。

食用藻类——紫菜

巨藻也是制药工业的原料，用它来提取药物，能治疗产妇继发性贫血，提高血色素。巨藻酸有防癌和抗癌的作用，可以消除人体内的放射性物质锶90。巨藻能降低感冒发病率，对缩短病程和缓和症状有一定的功效。此外，对提高老年人的体力和抗疲劳也能起到良好作用。

藻类植物在世界上的种类有10万种之多。我们的祖先早已知道紫菜、海带、龙须菜等藻类的食用价值。巨藻有与莴苣、芹菜相似的营养成分，可作为蔬菜食用。当前世界人口急剧增长，不少国家已将藻类列为人类未来的新食品。

巨藻可以在大陆架海域进行大规模养殖。由于成藻的叶片较集中于海水表面，这就为机械化收割提供了有利条件。巨藻的生长速度是极为惊人的，更有意思的是，它像韭菜一样，收割一次后仍能继续长出来，这样一年可收割三四次。每公顷海域可种巨藻1000棵，年产量可达鲜重750～1200吨。巨藻的寿命一般在4～8年，最长寿的可以生长12年，这样算下来的产量还是十分惊人的。

美国加利福尼亚州对巨藻十分青睐，早在1914年便开始大规模地收获和加工巨藻体，从藻体中提取大量氯化钾以加工成肥料和火

药。由于德国人在第一次世界大战期间对美国实行钾盐禁运，导致该州从海洋中收获到150万吨巨藻，创造了历史最高纪录。而对于美国太平洋沿岸的原住民而言，巨藻成为他们食盐、食物、药品、渔具取之不尽的资源，凡渔村大都坐落在藻林附近的海岸边，以藻为生。

科学家还发现，巨藻经过厌氧消化后能产生甲烷，因此可以作为代替煤炭和石油的一种代用品。将巨藻的植物体粉碎，加入微生物发酵几天后，每1000吨原料就可产生4000立方米以甲烷为主的可燃性气体，转化率达80%以上，利用这种沼气作原料还可

巨藻有与芹菜有相似的营养成分

制造酒精、丙酮等。美国能源科学家正在试验用这种海藻提炼汽车用的汽油或柴油，如果试验成功，这种取自海生植物的汽油售价会低于现今的一般汽油。这对苦于能源危机的世界来说，实在是一个振奋人心的消息。

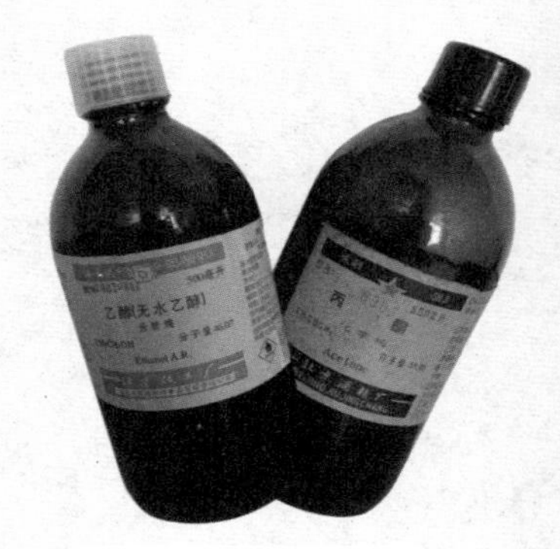
巨藻加工后产生的甲烷能制造酒精、丙酮

近几年经济发展速度与日剧增，非再生性的常规能源过度消耗以致短缺的现象越来越严重，如目前世界各国石油价格直线上涨，导致成品油的价格随之不断上扬。因此，为了缓解日益凸显的能源危机，发展生物能源资源无疑是强国富民的好项目。

不过，迄今为止，用巨藻生产甲烷的成本还比较高，还需要相当长的一段时间，才能使巨藻有可能成为一种新的替代能源。

尽管如此，在当今这个能源紧缺的时代，美国、加拿大、墨西哥等国还是相继开展了巨藻加工利用的研究。在美国，巨藻的管理和收获曾一度为海军所控制，以便为军事上的特殊需要提供燃料。美国还制订一个规模宏大的“海洋食物和能量农场计划”，拟在大西洋或太平洋建立起一个4万公顷的巨藻种植场，每年用它来生产甲烷8000多立方米，用以生产燃料、塑料和其他产品。

美国采用的巨藻养殖方法是水下伞架式，但由于成本太高未能推广。后来又采用了沙袋法进行海底播种巨藻，由于敌害等问题，也一直未取得令人满意的效果。

潜在的风险

受到巨藻良好的美景的吸引，也是为了丰富我国的藻类资源，发展海藻养殖事业，我国在1978年由墨西哥引进试种，次年12月，大连巨藻孢子叶首先成熟，当即进行采孢子试验，并将部分巨藻孢子叶运到青岛采孢子，进行有关巨藻配子体和幼体实验生态方面的研究。据检查，大连和青岛采孢子后的巨藻胚子萌发正常，然后进入配子体阶段，并转

也许从巨藻中能提炼出汽油

红树林

化为孢子体。这样,第一次引进我国的巨藻能够传种接代了。专家们认为巨藻较宜在山东省长岛县以北直至辽宁省大连市沿海生长,这里水温适宜,大陆架坡度和缓,水域内有上升流,能把营养物带到表层水中,能促进巨藻生长和繁殖。

巨藻——这位来自太平洋彼岸的新“侨民”在我国北方海区安家落户后，首先受到了海产养殖户们的青睐。

近10 年来，随着鲍人工养殖的迅速发展，原有海藻种类已远远不能满足鲍的需求。巨藻不仅叶片繁多、个体大，而且薄嫩，是鲍喜食的优质鲜活饵料。用巨藻投喂鲍，对提高鲍的成活率和生长速度均有良好的效果。

巨藻适宜于在免受大风暴潮侵袭、水深2～45米的大陆架海域养殖，开展巨藻潜筏式养殖技术的探索，找到简便易行并适合我国海区大规模生产的养殖方法尤为迫切和重要。

潜筏式养殖方法是根据巨藻生长对光强较敏感的特点，适时调节养殖水层，加快藻体生长以便于藻体多次收割投喂鲍而设计的。

潜筏式养殖分潜筏式平养和潜筏式垂养两种形式。根据巨藻的生长需求及季节透明度变化，潜筏通常控制在水下3～7米。其中，采用潜筏式平养方法可获得较高的产量，比潜筏式垂养方法高出1倍。

巨藻在我国有两个适宜生长季节，即秋季和春季。秋季早分苗是提高产量的关键。巨藻喜生长在流水通畅、营养盐

向左走可能是养虎为患，向右走可能要错失良机。巨藻究竟是深度潜伏的狂魔，还是引领未来的奇兵？这是一个我们不得不面对的问题

丰富和透明度适中的海区，在上述海区，同时采用早暂养巨藻幼苗，尽早分苗夹苗，采用潜筏式平养方法，以每2米苗绳夹22 株巨藻养殖效果最佳。

巨藻是鲍喜食的饵料

有人甚至认为，由于我国海域辽阔，有长达18000多千米的海岸线，从北到南有渤海、黄海、东海和南海四大海域，总面积大约有400万平方千米，为大面积种养巨藻提供了天然便利。因此，今后巨藻还可能在更多的地方繁殖后代，发展巨藻养殖大有可为。

不过，就在一片赞誉之声中，也有一个微弱的声音在发出警告：从巨藻的生物学特性中不难看出，它是一个具有潜在危险性的外来物种，一旦它扩散到我国沿海地区，将与土著的盐生植物红树林进行激烈的生态位竞争，有可能造成红树林资源减少，甚至灭绝。要巨藻，还是要红树林？

向左走可能是养虎为患，向右走可能要错失良机。巨藻究竟是深度潜伏的狂魔，还是引领未来的奇兵？这是一个我们不得不面对的问题。

（李湘涛）

深度阅读

梁玉波，王斌. 2001. **中国外来海洋生物及其影响**. 生物多样性，9(4): 458-465.

林学政，王能飞，陈靠山等. 2005. **中国外来海洋生物种类及其生态影响**. 海洋科学进展，23(增刊): 110-116.

徐海根，强胜. 2011. **中国外来入侵生物**. 1-684. 科学出版社.

李家乐，董志国. 2007. **中国外来水生动植物**. 1-178. 上海科学技术出版社.

麦穗鱼

Pseudorasbora parva (Temminck & Schlegel)

人们在无奈中也认识到，对于入侵的麦穗鱼，想把它们彻底清除是一件不太容易的事情，只能进行一定程度的综合治理，尽量想办法将其对土著鱼类的危害掌握在可控范围之内。此外，人们更要在未发现麦穗鱼的地方进行早期的监测和预警，防止麦穗鱼以及它的卵和幼鱼等通过人为途径侵入；对已发现有麦穗鱼而未形成自然种群的，要及时处理，避免其进一步扩散。

麦穗鱼

争食——义无反顾

生活中的麦穗鱼，应该是水族大家庭中顽皮、活跃而又常常闯祸的淘气包。它们小小的身影终日不停地在水中穿梭、游动，总是忙忙碌碌的样子。一双小眼睛四处张望，看到食物就不管不顾地扑过去。

它“眼里只看得到食物”的特点，深受一些专钓麦穗鱼的人喜欢，因为从不落空，每次必有斩获。在大水面、小池塘、沟渠、河沟、溪流中，麦穗鱼处处皆有，它们的咬钩讯号非常明显，直来直去，没有试探性动作，扬竿时机很好把握，钓麦穗鱼几乎到了不择水面、不论技巧，随处下钩必有所获的地步。而且，麦穗鱼全年可钓，不会因为气压的高低而影响其咬钩，只是在气压较低时会更多地在水的中层抢食下沉的钩饵。钓麦穗鱼最主要的是用细线、小钩、轻坠和星漂，如果落空，那你得往自己身上找原因，往往是因为钩饵过大或过长时才会因鱼唇未达钩尖而拉空。有经验的钓友，会用炒麸皮、黄豆粉或者购买商品饵料，投放少量在水里，俗称“打窝子”，然后放下钓竿。麦穗鱼看到后，会前赴后继地游过来，根本没有一点“自我保护”的意识，更不会提醒同伴悠着点儿，完全一副义无反顾的样子。所以，一个窝子里能连续钓上三五十条，几乎可以钓完窝子附近的一群麦穗鱼，真是一窝端了。

这种“傻得有些可爱”的麦穗鱼，也深受小孩的青睐。尤其是十一二岁的小孩，淘气顽皮，又有了一些自我独立的能力，钓麦穗鱼常常成为他们的一件趣事。放学回来或是闲暇时，在夕阳下山前赶到小河旁、野池塘边，孩子们随便找根树枝，去掉侧生的枝叶，只留下主干，再找一根细绳拴在树枝的一头，这就做成了一支简易的钓竿。然后挖些蚯蚓或是在草丛、树枝中找些白白胖胖的虫子作为诱饵，用细绳绑上，可以每隔一段距离绑一个诱饵，一根绳上能绑五六条虫子，找个水流相对静止的地方，把拴好饵料的细绳甩入水中，一会儿就有大量的麦穗鱼抢食。看准时机，猛地一提竿，定会有几条麦穗鱼被甩到岸上。孩子们再把这些钓上来的麦穗鱼串在小树枝上，直到大人们吆喝回家，才欢天喜地地提着一串串小鱼往回走。回

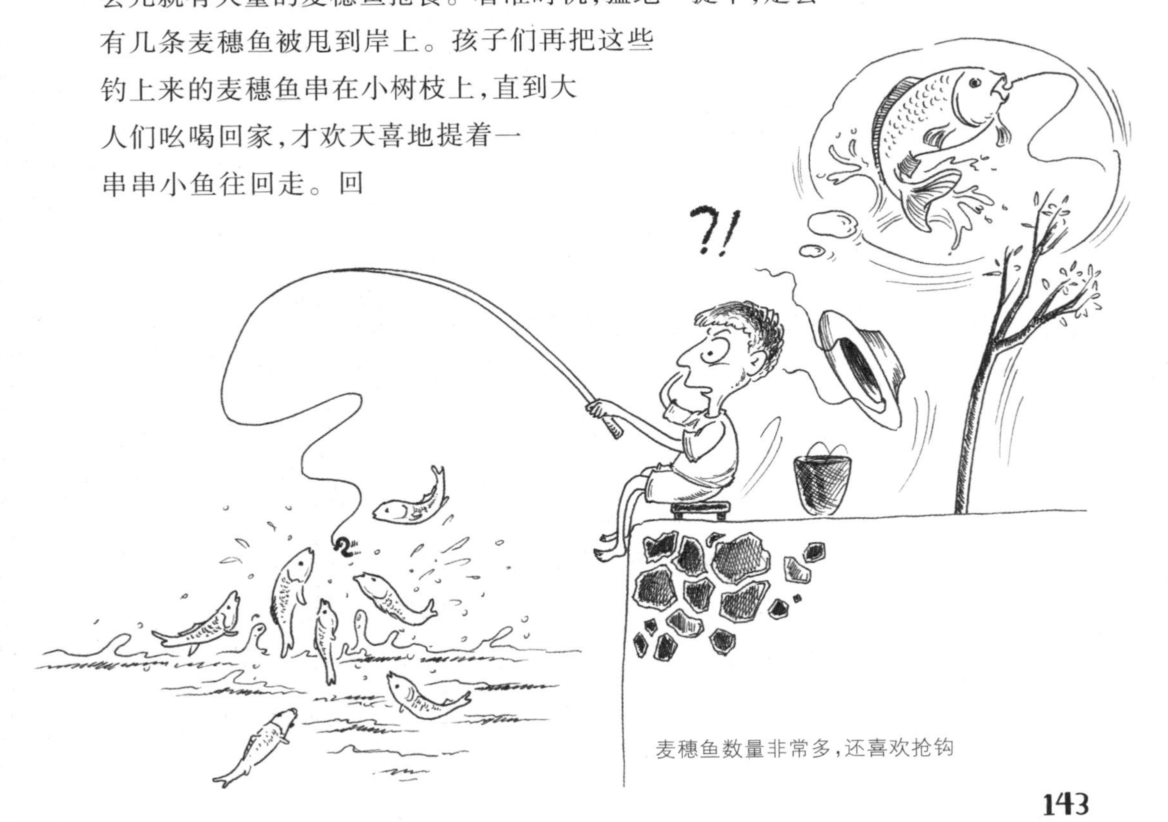

麦穗鱼数量非常多，还喜欢抢钩

到家里，大人把这些小鱼儿用油炸一下，就是一道诱人的美味。从这里可以看出，在麦穗鱼面前，什么名贵的钓具、饵料，还有经验，全都是浮云。只要你敢下钩，甚至管它有没有钩，麦穗鱼都敢扑上来。

还有一种钓麦穗鱼的方法，就是把罐头瓶用绳子绑好，在里面放些米饭或肉骨头之类的诱饵，放入水中。几分钟后提上来，瓶子里往往就会钻进来几条贪食的麦穗鱼，又是收获满满的欢欣。这种“守株待兔”式的钓鱼方法，引得麦穗鱼这种笨“兔子”接二连三地撞过来，反而让钓者目不暇接。

麦穗鱼标本

不过，有一些喜欢钓鱼的人，却是比较讨厌麦穗鱼。他们把麦穗鱼抢食的习性称为闹钩。在钓鲫鱼时，麦穗鱼的争食常使人恼火。无论蚯蚓、红虫、面食，它都积极抢食，而且往往衔着就跑，钓饵很容易被它衔走，想钓的鱼一条也钓不上来。那些钓鱼人最烦这个，总要想一些躲开麦穗鱼的办法。

传播——浑水摸鱼

这个既惹人爱又惹人恨的麦穗鱼*Pseudorasbora parva*（Temminck & Schlegel）是我国以及日本、朝鲜等国江河、湖泊、池塘、小河沟、稻田、水库，甚至坑、洼等水体中常见的小型鱼类，最大的体长也不会超过10厘米，在分类学上隶属于鲤形目鲤科。至于麦穗鱼的得名，江湖上有很多传说，其一是说它的体形线条流畅，形似麦穗；其二是说它的体形大小如麦穗；其三是说它的体侧鳞片的后缘有一个新月形的黑斑，形似麦穗；其四是说它随处可见，老百姓认为有麦子生长的地方就有这种鱼。除了麦穗鱼这个响当当的“大名”外，在各地又有很多俗名，如“草生子”“混姑郎”“浑箍郎”“肉柱鱼”“柳条鱼”“罗汉鱼”等等。

麦穗鱼生活在水体的中、下层，喜欢结群，常在底质较肥沃且水草繁茂的浅水区栖息和摄食，摄食时也常游到上层。它的体色能随栖息环境而变化，在底质多污泥和水草的水体中体色较深，在底质多沙和水草的水体中体色较淡。

麦穗鱼虽然个体较小，但对不同栖息环境有着较强的适应性，否则怎么能让各地的钓者笑逐颜开呢？对于水温来说，即使在冰封的水体中也能较好地生活，反之，在夏天水温达38℃时也不影响其生存，而在水温为25～30℃范围内，它的摄食最旺盛，生长速度最快。除对水温的适应范围很广外，麦穗鱼对水体的pH值、低溶氧等理化因子也有很强的忍受力。

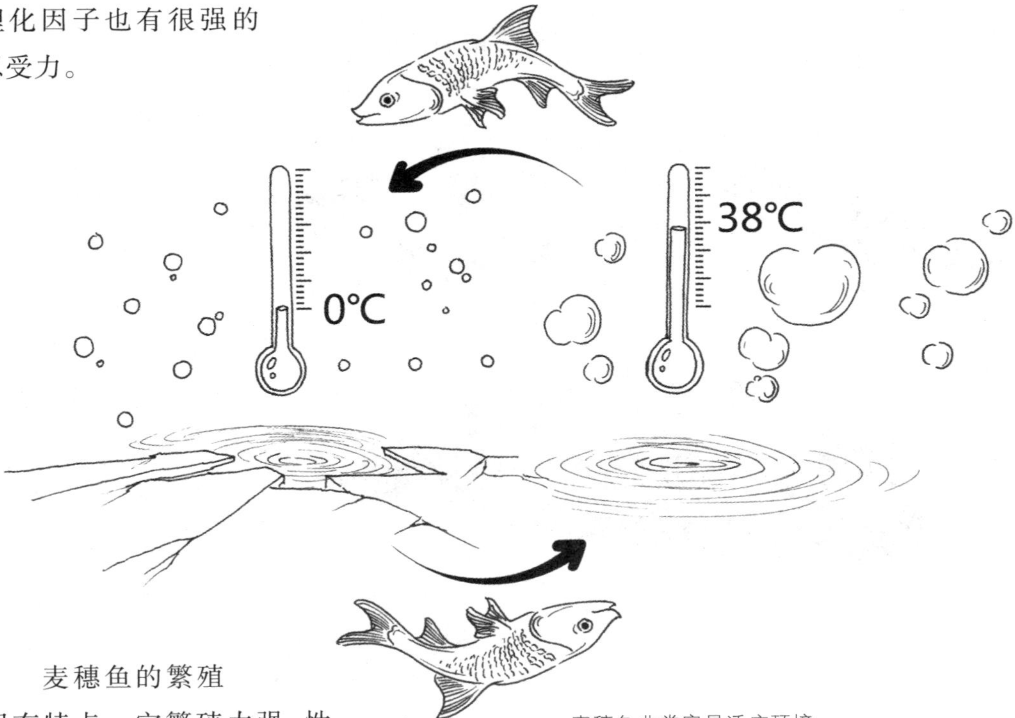

麦穗鱼非常容易适应环境

麦穗鱼的繁殖很有特点。它繁殖力强，性成熟早，1龄就能达到性成熟。麦穗鱼的雌性和雄性成鱼的体形平时区别不大，但在繁殖季节，雄鱼变得体大色深，各鳍呈浓黑色，在吻部、下颌、鳃盖底部等都出现角质追星，泄殖突也外凸；雌鱼则体小色浅，体侧常有一条黑色纵纹，腹部膨大，产卵管稍外突。在自然条件下，麦穗鱼喜欢在有一定混浊度的微流水且水草茂密的岸边浅水区域中产卵繁殖，降雨、微流水、闷热的气候等条件都有诱导产卵的作用。

它的繁殖盛期为4～6月。雌鱼分批产卵，一年可产2～3次，每次产卵370～800粒。麦穗鱼为体外受精，卵椭圆形，具黏液。产出后吸水膨胀，成串地黏附在水草、枝板、树根、石片、蚌壳、草茎或水面悬浮物上，排成一单层，受精卵透明，无色或淡黄色，未受精卵呈乳白色，不久即自融。胚胎发育时间与水温成正比，水温18～21℃时，一般48小时左右可孵化脱膜。仔鱼尾部先出膜，常附在原处，间歇作摇摆式游泳，大约需48小时后才能水平游泳。仔鱼孵出后2～3天内依靠吸收自身的卵黄为营养，卵黄囊消失后它们就开始摄食。雄鱼在繁殖期间有护卵行为，守护鱼卵直到鱼苗出膜、能自由游动摄食为止。

小口裂腹鱼标本

厚唇裂腹鱼标本

宁蒗裂腹鱼标本

泸沽湖3种特有的裂腹鱼几近灭绝

在我国，除青藏高原和云南的高原湖泊外，各大水系的江河湖泊都有麦穗鱼分布。但在20世纪60～70年代，这个分布格局发生了变化。那时我国正在广泛推广青、草、鲢、鳙“四大家鱼”的养殖，麦穗鱼就“乘着这股东风”，随着四大家鱼的鱼苗混入了云南的高原湖泊。由于它们适应能力强、繁殖力高，短时间内就在这些湖泊内形成优势种群，尤其在水草较多的水域中数量更多，因而大量吞食附着于水草的各种鱼卵，还与当地的土著鱼种竞争食物和空间，对土著鱼类的生存造成很大压力，致使土著鱼类的数量减少甚至绝迹，最典型的例子就是麦穗鱼使生活在云南泸沽湖的3种裂腹鱼几近绝迹。

麦穗鱼的食物——孑孓

泸沽湖是云南海拔最高的湖泊，海拔为2690米，素有"高原明珠"之称。泸沽湖面积50多平方千米，平均水深45米，最深处达93米，也是云南第二深的淡水湖，透明度高达11米，最大能见度为12米，湖水清澈蔚蓝。由于泸沽湖位于崇山峻岭之中，少数民族崇尚自然，人类活动对这个地区自然环境的危害，相比云南洱海或者是平原地区的太湖、鄱阳湖等要小得多。不过，对于外来物种的疯狂入侵，泸沽湖这颗"明珠"也未能幸免。麦穗鱼跟着四大家鱼进入云南各大水系后，在这里生活着的3种特有的裂腹鱼——厚唇裂腹鱼、宁蒗裂腹鱼和小口裂腹鱼却受到了严重的危害，几近灭绝。人们至今还没有找到可行的办法来解决泸沽湖中麦穗鱼的危害问题。

灭蚊——引狼入室

麦穗鱼入侵我国的云南高原湖泊只是牛刀小试，而它在世界范围内作为入侵者已是赫赫有名。不过，在世界上的许多地方，它却并不都是靠着"浑水摸鱼"的方式入侵的，而是大摇大摆地在人类的"邀请"下"登堂入室"的。

原来，早先科学家们在研究麦穗鱼的生活习性时发现，它特别爱吃蚊子的幼虫——孑孓。春夏蚊子大量繁殖之时，各处水塘多生孑孓。这时的麦穗鱼食量也特别大，一条麦穗鱼一天可食孑孓500

泸沽湖

麦穗鱼

条。据苏联鱼类学家尼科尔斯基的研究结果，在黑龙江流域的上游，麦穗鱼的食物几乎完全是摇蚊幼虫，因此人们普遍认为它对于消灭蚊子大有益处，是一种有益的鱼类。苏联鱼类学家的这一研究成果很快就得到了“应用”，麦穗鱼被作为“灭蚊能手”引入世界各地，不到50年的时间内，几乎占据了欧亚大陆的所有国家的淡水水域。结果，麦穗鱼在这些地方的水域中成功地建立了自然群体，显露出“侵略者”的面目，并造成了很多地区的生态危机。例如，麦穗鱼于1960年被引入罗马尼亚登博维察县奴西特的鱼塘，然后它进入了多瑙河并扩散至整个欧洲。它们携带来的寄生虫对当地的小赤梢鱼等其他鱼类构成了威胁。在比利时，麦穗鱼与两种土著鱼类——欧洲鮈和拟鲤在食物组成上存在明显的重叠，结果使这些土著鱼类的种群数量急剧减少，甚至消失。

为何作为消灭蚊子的幼虫而引进的麦穗鱼，却在欧洲的水域中对土著物种造成如此大的威胁呢？科学家通过进一步研究发现，麦穗鱼虽然喜食孑孓，但它的食性不仅非常广泛，也很杂，桡足类、枝角类、藻类、水草、昆虫和有机碎屑等，都是它的取食对象，因此是一些取食浮游生物的鱼类的食物竞争者。

例如，尼科尔斯基在黑龙江流域上游发现麦穗鱼的食物几乎完全是摇蚊幼虫；但在黑龙江的下游，麦穗鱼的食物中占比例更大的却是枝角类，而摇蚊幼虫在它的食物中还占不到一半。在我国，北京地区的麦穗鱼的食谱中不仅有眼虫、轮虫、摇蚊幼虫，也有少量的线虫、表壳虫和水蚯蚓等，此外，还包括颤藻、硅藻、水绵、新月藻等植物性食物；在天津地区，麦穗鱼的主要食物有摇蚊幼虫、水生昆虫及其幼虫，以及桡足类、水蚯蚓、植物和小鱼等；在湖北保安湖中，麦穗鱼的主要食物是水生昆虫幼虫（包括摇蚊幼虫）、枝角类和植物碎屑等。因此，人们认识到，麦穗鱼食物的种类是随着其个体大小、季节、环境条件、水体中优势生物种群的不同而有所变化的，特别是与食物的易得性密切相关。麦穗鱼有一定的喜食范围，但是当它处于饥饿状态时表现得食性更广，甚至会摄入泥沙，严重时还会发生同类相残的"恶性"事件。人们在水族箱内就发现，如果食物不足，它们竟然会吃掉同类！因此，作为灭蚊功能引入欧洲后的麦穗鱼，它们可能会捕食那些数量更多、更容易获得的食物，而不一定只吃蚊子的幼虫。

麦穗鱼还通过一种无基因渗入杂交的方式，将入侵的"魔爪"伸向土著的同类近亲。例如，在日本东部生活着一种土著的麦穗鱼——大麦穗鱼*P. pumila* Miyadi，当麦穗鱼偶然地入侵到这里之后，它的雄鱼便开始对土著大麦穗鱼的雌鱼大献殷勤，频频求爱，"不知就里"的大麦穗鱼雌鱼也为这些新来的"奶油小生"所倾倒，忘我"献身"。一方面，它们产生的杂交后代是完全不育的，大麦穗鱼雌鱼白白浪费了"青春"和"爱情"，结果还导致了土著大麦穗鱼种群数量的迅速下降；另一方面，精力旺盛的入侵者——麦穗鱼却"人丁兴旺"，在几代内就大量地替代了大麦穗鱼，成为这个地方的优势物种。

"助纣为虐"

除了威胁野生的土著物种之外，麦穗鱼还被认为是经济鱼养殖中的害鱼。它们在鱼池中繁殖很快，食量大，消耗了大量的饵料食物，它自己又长不

华支睾吸虫

大，经济效益比较低；更“凶残”的是，它不仅与人工养殖的经济鱼类的幼鱼争饲料，还会吞食其他鱼类的卵和刚孵化不久的幼鱼。

麦穗鱼更大的危害还在于它是许多病原微生物的中间寄主，特别是著名的寄生虫——华支睾吸虫。在韩国，麦穗鱼甚至被视为华支睾吸虫是否存在的一个指示物种。我国学者在华支睾吸虫病暴发流行区，对当地水域中的常见鱼种进行了检查，发现麦穗鱼是感染率最高的鱼类之一，达到100%，尤其在鱼皮内和鱼肉内的华支睾吸虫囊蚴数量最多。如果你发现在一条麦穗鱼身上有个小米粒大小发黄的东西，有时还不断地蠕动，那就是华支睾吸虫的囊蚴。

华支睾吸虫是中华支睾吸虫的简称。它又被称为肝吸虫、华肝蛭，因为其成虫寄生于人体的肝胆管内，可引起华支睾吸虫病，也称为肝吸虫病。它的终宿主为人以及狗、猫、猪、鼠、狐狸等动物。它的第一中间宿主为淡水螺，如豆螺，第二中间宿主为淡水鱼虾，成虫寄生于人和其他动物的肝胆管内。

华支睾吸虫体形狭长，背腹扁平，前端稍窄，后端钝圆，状似葵花子，于1874年首次在生活于印度加尔各答的一位华侨的胆管内发现，1908年才在我国证实有华支睾吸虫病的存在。1975年，在我国湖

防治外来物种入侵的方法

外来物种入侵的防治需要长期坚持“预防为主，综合防治”的方针，要科学、谨慎地对待外来物种的引入，同时保护好本地生态环境，减少人为干扰。在加强检疫和疫情监测的同时，把人工防治、机械防治、农业防治（生物替代法）、化学防治、生物防治等技术措施有机结合起来，控制其扩散速度，从而把其危害控制在最低水平。

人工或机械防治是适时采用人工或机械进行砍除、挖除、捕捞或捕捉等。农业防治是利用翻地等农业方法进行防治，或利用本地物种取代外来入侵物种。化学防治是用化学药剂处理，如用除草剂等杀死外来入侵植物。生物防治是通过引进病原体、昆虫等天敌来控制外来入侵物种，因其具有专一性强、持续时间长、对作物无毒副作用等优点，因此是一种最有希望的方法，越来越引起人们的重视。

麦穗鱼

北江陵西汉古尸的粪便中，发现了华支睾吸虫的虫卵，随后又在江陵的战国楚墓古尸中见到同样的虫卵，从而进一步证明了华支睾吸虫病在我国至少已有2300年以上历史。现在，华支睾吸虫病主要分布在亚洲，如俄罗斯的远东地区、日本、朝鲜、韩国、越南和东南亚的一些国家，在我国只有青海、宁夏、内蒙古、西藏等地尚未见报道。

华支睾吸虫生活史包括成虫、虫卵、毛蚴、胞蚴、雷蚴、尾蚴、囊蚴及后尾蚴等阶段。它的卵甚小，形似芝麻，淡黄褐色，一端较窄且有盖，卵盖周围的卵壳增厚形成肩峰，另一端有小瘤。成虫产出虫卵后，虫卵就随胆汁进入消化道并混于粪便排出，然后虫卵进入水中被第一中间宿主淡水螺吞食，如豆螺、沼螺、涵螺等，在这些螺类的消化道内孵出毛蚴，毛蚴穿过肠壁在螺的体内发育，经过胞蚴、雷蚴和尾蚴阶段，成熟的尾蚴从螺体逸出。尾蚴在水中可以活1～2天，游动时如果遇到适宜的第二中间宿主——麦穗鱼等淡水鱼及虾类，则侵入其体内肌肉等组织，经20～35天，发育成为囊蚴。囊蚴在活鱼体内可活3个月到1年。人或肉食性哺乳动物吃了未煮熟或生的含有囊蚴的鱼虾，就会被它感染。吞食后，在消化液的作用下，囊壁被软化，囊内幼虫的酶系统被激活，幼虫活动加剧，在十二指肠内破囊而出。脱囊后的后尾蚴沿胆汁流动的逆方向移行，经胆总管至肝胆管，也可经血管或穿过肠壁经腹腔进入肝胆管内，通常在感染后1个月左右，发育为成虫，并开始产卵。成虫在人体内的寿命尚缺准确数据，一般认为有的可长达20～30年，听起来十分恐怖！

人被华支睾吸虫感染后，在急性期主要表现为过敏反应和消化道不适，包括发热、胃痛、腹胀、食欲不振、四肢无力、肝区痛等，多数患者的症状往往经过几年才逐渐出现，一般也是以消化系统的症状为主，上腹不适、厌油腻、腹泻、肝区隐痛、头晕等较为常见。严重感染者伴有头晕、消瘦、浮肿和贫血等，在晚期可造成肝硬化、腹水，甚致死亡。儿童和青少年感染华支睾吸虫后，临床表现往往较重，死亡率较高。除消化道症状外，常有营养不良、贫血、低蛋白血症和发育障碍，以致出现侏儒症。

因此，预防华支睾吸虫病主要是抓住食物传染这个环节，防止进食活的囊蚴是防治的关键。大力做好宣传教育，让公众了解华支睾吸虫病的危害和传播途径，不吃生鱼及未煮熟的鱼肉或虾，改进烹调方法和饮食习惯。

麦穗鱼是一些观赏鱼的食物

在它的原产地，麦穗鱼只是一种普通的小型淡水鱼。但是，当人类的经济活动干涉了这种小鱼的自然分布后，没想到会带来如此严重的后果。它已经成为我国外来入侵鱼类中危害颇为严重的种类。而人们虽然已经在多方面积极寻找解决的办法，目前也只能在未发现麦穗鱼的地方进行早期的监测和预警系统，防止麦穗鱼以及它的卵和幼鱼等通过人为途径侵入；对已发现的麦穗鱼而未形成自然种群的，要进行及时的处理，避免其在引入地进一步扩散；而对于那些已经在引入地建立了自然种群的麦穗鱼，也只能根据生物学原理进行一定程度的综合治理，尽量想办法将其对土著鱼类的危害掌握在可控范围之内。

当然，麦穗鱼也并非一无是处。在传统的水产养殖业中，麦穗鱼常常被视为一种难以清除的野杂鱼。后来，人们在无奈中也认识到，对于入侵的麦穗鱼，想把它们彻底清除是一件不太容易的事情，还不如因势利导，对它加以利用。麦穗鱼虽然体形很小，但肉质细嫩、味道鲜美、肌间刺少，蛋白质、钙质含量高，如果把它当作一种易养、高产的鱼类而搬上餐桌，也可以作为一种新的蛋白源，特别适宜老人、小孩和孕妇食用，因而具有一定的开发潜力。麦穗鱼作为观赏鱼的饲料，也被养殖肉食性观赏鱼的人群所喜爱，因为常见的金龙鱼、银龙鱼、地图鱼等观赏鱼都可以以麦穗鱼为食。

市场上出售的麦穗鱼

此外，人们还基于麦穗鱼摄食底栖水生生物的行为，探索利用它来对底栖丝状颤藻等藻类污染物进行清除，抑制水体中藻类的生长，从而为治理工业用水水体的藻类污染和输水管道阻塞问题，提供了一个可行的方法和手段。

（杨静）

深度阅读

李振宇，解焱. 2002. **中国外来入侵种**. 1-211. 中国林业出版社.

万方浩，谢丙炎. 2011. **入侵生物学**. 1-515. 科学出版社.

何晓瑞. 1998. **我国特有种滇螈的绝灭及其原因分析**. 四川动物. 17(2): 58-59.

曾燏. 2012. **入侵种麦穗鱼的形态特征分析**. 水生态学杂志，33(2): 115-120.

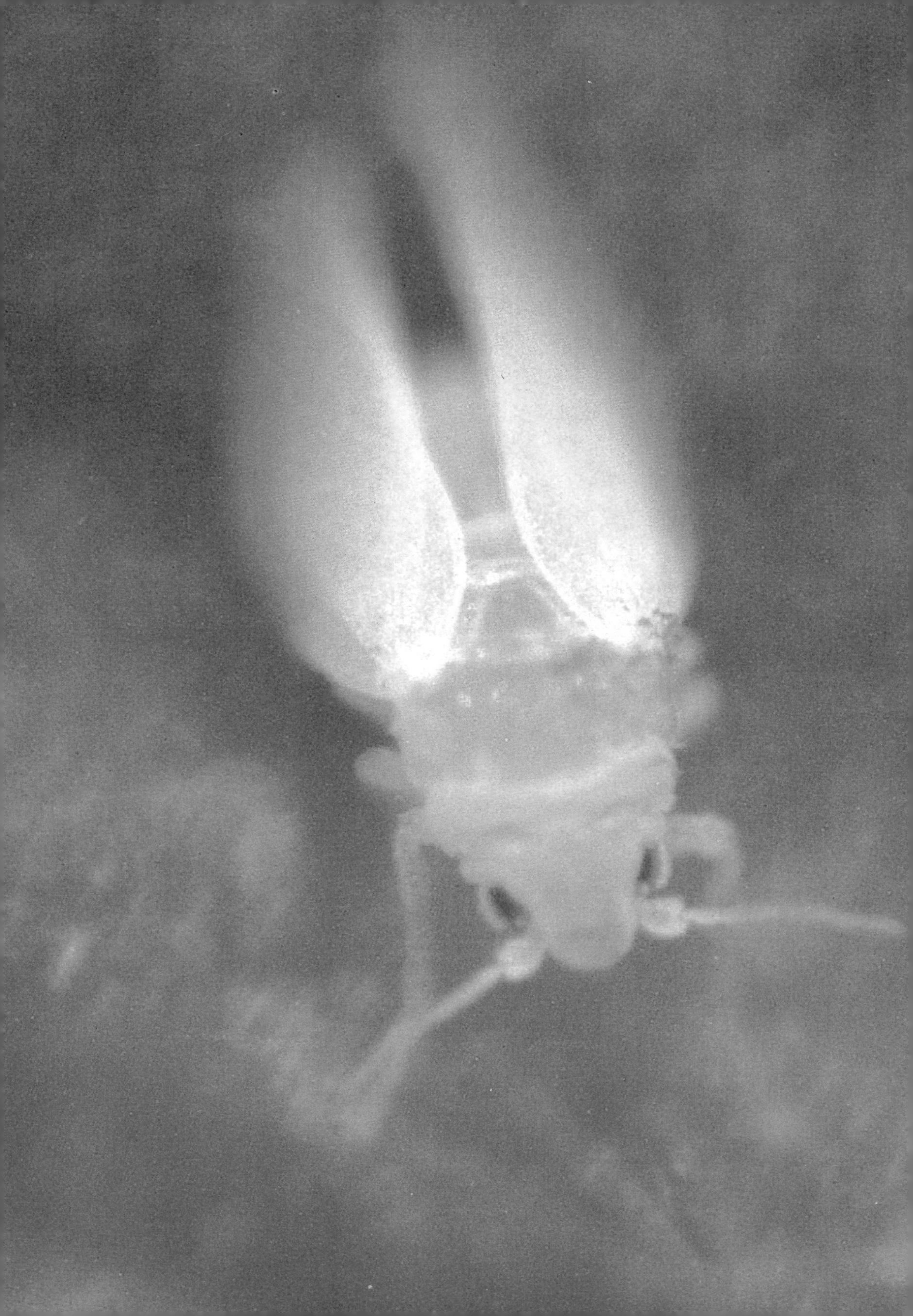

烟粉虱

Bemisia tabaci (Gennadius)

烟粉虱的克星们在人类对烟粉虱的攻坚战中立下了“汗马功劳”，而且生物防治最主要的优点就是利用自然界生物之间的相互制约作用，对环境没有污染，成本低。

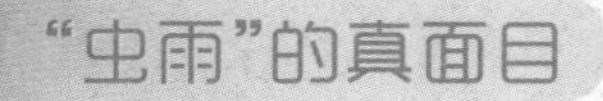

“虫雨”的真面目

烟粉虱成虫

几年前，无论是在南方的武汉，还是在北方的廊坊等城市，天空中都出现过一片片会飞的“白粉”。这种“白粉”不仅像下雨一样，漫天飞舞，而且会从车窗外钻进汽车里面，或者落在晨练的老人身上。“白粉”严重时，人们都掩鼻捂口，不得不停止了公园的晨练等户外运动。

有细心的市民通过观察发现，这种“白粉”是由一群体形微小的白色小飞虫组成的。它们似乎对绿色和黄色非常感兴趣，因为在这两种颜色的自行车上，每天都粘满了这种小飞虫，而其他颜色的车辆却基本没有。当然，除了光顾自行车，这种小飞虫也会落在路边的树木、建筑物上或其他物体上。

形成这“虫雨”的小虫子到底是何方神圣？原来它们的真实身份是一种世界性的害虫——烟粉虱。

烟粉虱的学名为*Bemisia tabaci* (Gennadius)，中文名又叫银叶粉虱、甘薯粉虱、棉粉虱等，个体很小，翅为白色，翅面上有粉，看起来像小蛾子，故又被人们称为“小白蛾”。事实上，这个俗名在科学性上是错误的，因为烟粉虱不属于蛾类，而更接近于蝉类。蛾类隶属于鳞翅目，翅面上的粉是鳞粉，口器是像卷曲的发条一样的虹吸式口器；而烟粉虱与蝉一样，隶属于半翅目，翅面上的粉是蜡粉，口器是像针头一样的刺吸式口器。

烟粉虱是我国近年来新发生的一种虫害，在温室大棚中很常见，为害番茄、黄瓜、辣椒等蔬菜，以及棉花等许多农作物。它们喜欢无风、温暖的天气，在干旱少雨、阳光充足的年份发生得比较严重。烟粉虱具有较强的飞行能力，飞行高度可以超过150米，在田间的扩散距离最远可以超过150千米。这种飞行能力可加速烟粉虱在寄主间的转移，使其获得更大的生活空间。烟粉虱每年春夏季节从越冬场所向大田扩散，在大田作物生长期间，烟粉虱也会在大田寄主作物之间扩散。但是，它的较长距离的传播还主要靠风来进行，若虫则随大棚温室蔬菜的运输进行远距离传播。

烟粉虱属于渐变态昆虫，其生活周期有卵、若虫和成虫3个虫态，一年发生的世代数因地而异，在热带和亚热带地区每年发生11～15代，在温带地区每年可发生4～6代。田间发生世代重叠极为严重。

烟粉虱成虫个体很小，体长不到1毫米，肉眼看去只能看到类似米粒大小的白点。在显微镜下面可以看得更加清晰：它们的身体淡黄色到白色，有两个红色的复眼，触角较长，丝状向左右两侧伸出。翅白色无斑点，被有蜡粉。前翅有两条翅脉，第一条脉不分叉，停息时左右翅合拢呈屋脊状，有时左右翅之间留有缝隙。

烟粉虱成虫羽化后喜欢在寄主中上部成熟的叶片上产卵，而很少在原来为害的叶上产卵。卵不规则散产，大多数产在叶的背面。每头雌虫可产卵30～300粒，在适合的植物上平均产卵200粒以上。卵为椭圆形，有小柄，与叶面垂直，卵柄通过产卵器插入叶内。卵初产时淡黄绿色，孵化前颜色加深，呈琥珀色至深褐色，但不变黑。

若虫共有4个龄期，1龄若虫有触角和足，能

烟粉虱若虫和成虫

烟粉虱

我国首先在一品红上发现了Q型烟粉虱

爬行，腹末端有1对明显的刚毛。一旦成功取食合适寄主的汁液，就固定下来取食，直到羽化为成虫。2、3龄若虫足和触角退化至仅有1节，体缘分泌蜡质，固着为害。

虽然没有蛹的阶段，但4龄若虫一般也称为“伪蛹”，为淡绿色或黄色，蛹壳边缘扁薄或自然下陷，无周缘蜡丝，但胸部和尾气门外常有蜡缘饰，其背部有没有蜡丝取决于它的寄主。

烟粉虱1889年首先在希腊的烟草上发现，并因此得名。20世纪80年代以前，它主要给一些产棉国如苏丹、埃及、印度、巴西、伊朗、土耳其、美

烟粉虱不同龄期的若虫

国等国的棉花造成损失；20世纪80年代以来，随着世界范围内的贸易往来，烟粉虱借助花卉及其他经济作物的苗木迅速扩散，在世界各地广泛传播并暴发成灾。它除了危害棉花外，还危害各种水果、蔬菜和花卉等，例如也门的西瓜、墨西哥的番茄、印度的豆类、日本的花卉（一品红）等均遭受了严重危害。目前，它已经入侵了南美洲、欧洲、非洲、亚洲、大洋洲的90多个国家和地区，给全球的农业生产造成了严重的经济损失。

我国烟粉虱的最早记录是在1949年，但在很长的一段时间内，它都不是主要的害虫，仅在南方的一些地区危害棉田。但从20世纪90年代以来，烟粉虱在我国的分布范围越来越大，尤其是2000年，它在广东、河北等地大暴发，那一年也成为历史上烟粉虱危害最严重的一年。许多证据表明，这些猖獗发生的烟粉虱为外来入侵的B型烟粉虱，而且有竞争并取代本地非B型烟粉虱的趋势。

原来，烟粉虱有不同的生物型，不同的生物型之间形态特征极为相似，很难区别，但不同生物型的烟粉虱在地理分布、传毒能力、抗药性、寄主专化性、遗传机制等方面存在着差异。烟粉虱可分36个生物型，在我国有11个生物型，其中B型和Q型被证明是危害性最大的外来入侵害虫。

B型烟粉虱可能起源于地中海—小亚细亚地区，它在20世纪90年代中期通过花卉等植物入侵到中国，在全国各地相继大暴发，其寄主

烟粉虱的几种寄主

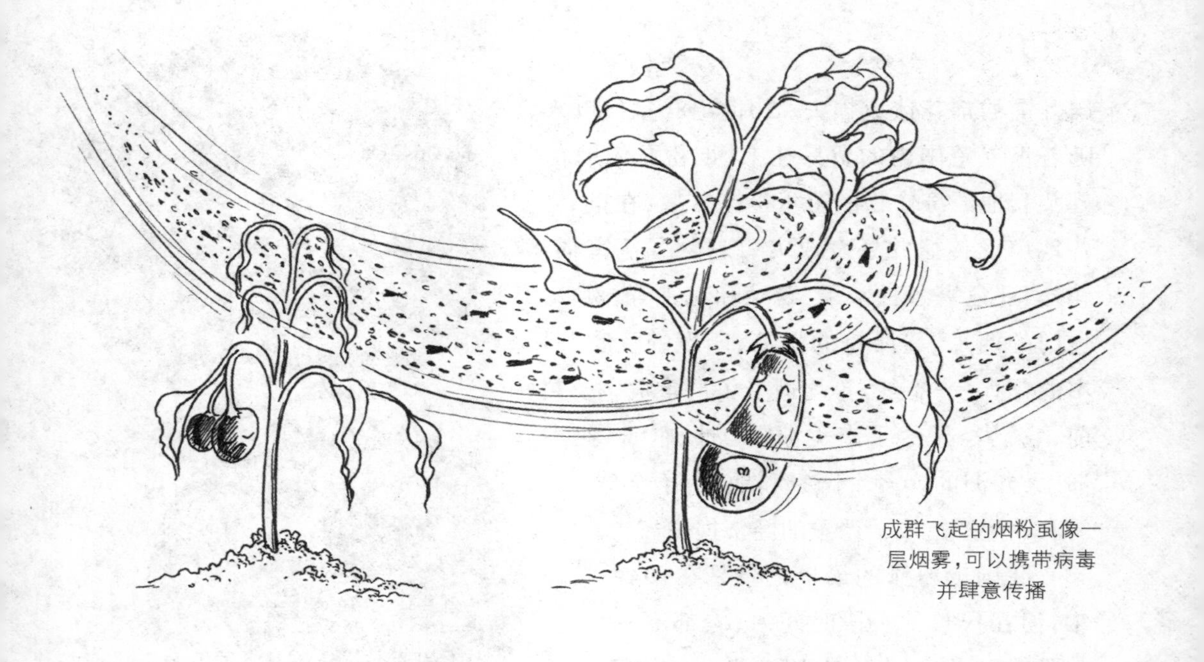
成群飞起的烟粉虱像一层烟雾，可以携带病毒并肆意传播

范围多达600多种，它通过取食植物汁液和传播病毒危害多种农作物，在我国农作物和花卉上都造成了严重的损失。Q型烟粉虱起源于伊比利亚半岛，2003年在我国首次发现于云南的一品红上，2004年又在北京、河南等地相继发现，目前除了西藏、宁夏等少数地区外，全国各地都有分布，而且成功取代了本土的烟粉虱。

植物的“吸血鬼”

别看烟粉虱身体小，体长不到1毫米，但千万不能小瞧了它们，它们引起的危害远远超出了人们的想象。

烟粉虱可以说十分贪吃，它们的食物品种多种多样，甘蓝、花椰菜等叶菜它们爱吃，萝卜这样的根茎菜也喜欢，甚至连番茄、茄子等果菜类也不放过。它主要危害的作物还有烟草、番薯、木薯、十字花科蔬菜以及葫芦科、茄科、锦葵科等植物。

烟粉虱在我国北方部分地区和南方的广东省发生比较严重。在田间，一片茄子叶上就有几百头烟粉虱，最高达千余头。到了冬季，它们转移进入温室大棚内为害，在黄瓜、番茄、芹菜等作物上烟粉虱的密度都很高。烟粉虱受惊扰时会起飞，大量飞起的烟粉虱像一层白色烟雾，这种情形一直能持续半月之久。

烟粉虱具有典型的刺吸式口器，可以像注射器针头一样，刺入植物叶片背部的韧皮部，贪婪地吸食植物的汁液，导致植株衰弱。不同的植物被危害后所表现出的症状也不同，叶菜类如甘蓝、花椰菜受害后叶片萎缩、黄化、枯萎；根菜类如萝卜受害后表现为颜色白化、无味、重量减轻；果菜类如番茄受害，果实不均匀成熟；西葫芦表现为银叶。在花卉上，它可以导致一品红白茎、叶片黄化、落叶；在棉花上，它使叶正面出现褐色斑，虫口密度高时有成片黄斑出现，严重时导致蕾铃脱落，影响棉花产量和纤维质量。

知识点

生物型

生物型是在一个物种的种群内或种群间表现有不同生理生态特性的类群。如由于不同食料引起类群间的发育、存活、寄主选择或产卵量等的差异，由于其他自然的或人为的条件差异所引起的不同类群间的季节活动、生物节律、体形大小、颜色、抗药性、迁飞势能、性激素、同工酶谱、基因型频率等的差异。所有这些种下分化的类群，除亚种外都可以归纳为生物型。

烟粉虱的成虫和若虫还可以分泌蜜露，使棉花、棉絮布满蜜露，纤维受到严重污染，从而诱发棉花的病害——煤污病的大发生。

烟粉虱的危害远远不止于此，它们最大的危害是可以在植

为害番茄的烟粉虱

北方蔬菜大棚为烟粉虱的越冬创造了很好的条件

物之间传播疾病。如果说，蚊子是通过在病人和健康者之间交叉吸血来传播登革热等疾病的“吸血鬼”，那么，烟粉虱就是植物的“吸血鬼”，它们吸食患病的植物汁液然后再去为害健康植物组织时，会把植物病毒传播给健康植物，从而使健康植物也被传染受害。据调查，烟粉虱可以在30种作物上传播70种以上的病毒病，是许多病毒病的重要传毒媒介，能引起多种植物病毒病，造成植株矮化、黄化、褪绿斑驳及卷叶。例如，西葫芦、南瓜等蔬菜的银叶病就是烟粉虱为害所引起的，所以它又被叫作银叶粉虱。

成功的“秘诀”

烟粉虱为什么能在我国如此猖獗呢？

首先，我国的气候条件非常适合烟粉虱的发育和繁殖。烟粉虱是热带、亚热带昆虫，适宜的发育温度为23～32℃。我国南方大部分地区正好和烟粉虱的适宜发育温度相吻合。虽然按照烟粉虱的适温特点，在我国北方它是不可能越冬的，但北方蔬菜大棚的不断增加为烟粉虱的越冬人为地创造了优越的条件。

蔬菜大棚是一种具有出色的保温性能的框架覆膜结构。一般蔬菜大棚使用竹结构或者钢结构的骨架，上面覆上一层或多层保温塑料膜，这样就形成了一个温室空间，使棚内具有良好的保温效果。蔬菜大棚的出现使人们可以吃到反季节的新鲜蔬菜，但科技是把双刃剑，大棚的出现也使烟粉虱在冬季找到了舒适的容身之处，并且在大棚中一年四季都可以进行繁殖。

其次，烟粉虱可以食用的植物种类非常多，而且还在不断地开拓新的“口味”。它不“挑食”，大田作物、叶菜、根茎菜以及花卉等均可通吃。据调查，烟粉虱可以危害的植物高达74科600多种。如此众多的食物来源让烟粉虱生活得十分滋润，家族也因此逐渐扩大。

更为毒辣的是，入侵的烟粉虱能逐渐削弱并侵占本地烟粉虱的领地，将危害性本来不大的土著烟粉虱“赶尽杀绝”，自己鸠占鹊巢，取而代之。原来，入侵烟粉虱和土著烟粉虱之间会进行“非对称交配互作”，也就是说，当与土著烟粉虱共存时，入侵的烟粉虱如B型烟粉虱的雌成虫与雄成虫之间的交配更频繁，卵子受精率提高，可以产下更多的雌性后代。更有意思的是，尽管B型烟粉虱雄虫不与土著烟粉

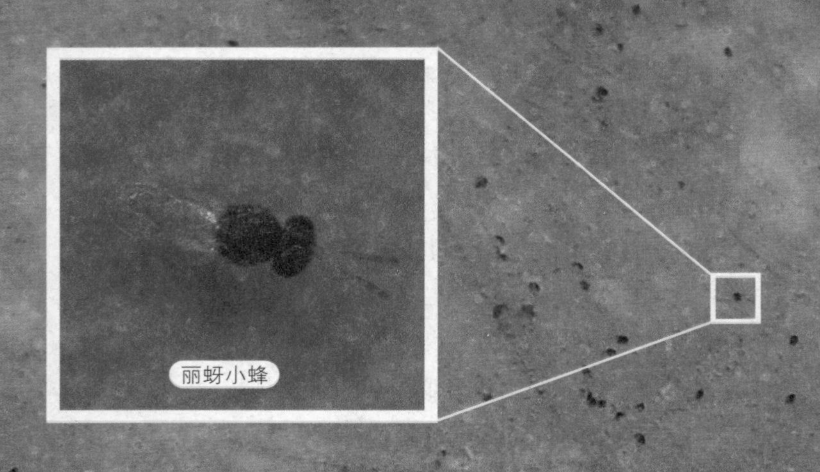

烟粉虱被丽蚜小蜂寄生

虱雌虫交配，但是它们会频繁地向土著烟粉虱雌虫求爱，这样就干扰了土著烟粉虱雄雌性之间的交配，抑制了土著烟粉虱的繁殖率。这也是入侵烟粉虱成功的一个“秘诀”吧。

“魔鬼”的克星

幸运的是，尽管烟粉虱如此猖獗，在自然界还是有很多它的克星。烟粉虱的天敌集团十分庞大。据不完全统计，在世界范围内，寄生性天敌有45种，捕食性天敌有62种，病原真菌有7种。在我国寄生性天敌有19种，捕食性天敌有18种，虫生真菌有4种。它们对烟粉虱种群的增长都有明显的控制作用。

寄生性天敌指的是这些天敌可以在烟粉虱体内寄生，从而抑制烟粉虱的生长和发育。烟粉虱的寄生性天敌主要是丽蚜小蜂、桨角蚜小蜂、东方蚜小蜂等寄生蜂。烟粉虱的捕食性天敌主要有小黑瓢虫、刀角瓢虫、陡胸瓢虫、淡色斧瓢虫、东亚小花蝽、中华微刺盲蝽、捕食螨、草间小黑蛛、大草蛉、丽草蛉等,其中最有潜力的是从国外引进的小黑瓢虫和本地产的日本刀角瓢虫与淡色斧瓢虫等。这类天敌都有咀嚼式或刺吸式口器,可以把烟粉虱作为"点心"吃掉。

丽蚜小蜂是一种对烟粉虱十分有效的寄生性天敌,可以寄生于烟粉虱的各龄若虫,尤其在3龄若虫上寄生率最高。许多国家已经实现丽蚜小蜂的工厂化生产,通过释放丽蚜小蜂,并配合使用高效、低毒、对天敌较安全的杀虫剂,能有效地控制烟粉虱的大发生。具体的用法是这样的:在易受烟粉虱危害的植物中挂上诱虫用的黄色粘板,目的是用来监测烟粉虱的发生。一旦在粘板上发现了烟粉虱的成虫,就注意每天检查植物的叶片,当平均每株有烟粉虱成虫0.5头左右时,即可第一次放蜂,以后每隔7～10 天再放1次蜂,连续放3～5次。可以在丽蚜小蜂处于蛹期(也称黑蛹)时释放,也可以

天敌可以把烟粉虱的若虫、蛹等都作为"点心"吃掉

在丽蚜小蜂羽化后直接释放成虫。如果要放黑蛹的话,只要将蜂卡剪成小块放在植株上就行。

在烟粉虱的捕食性的天敌中,淡色斧瓢虫是一种重要的本地捕食性天敌,广泛分布于华南地区,其发育历经卵期、幼虫的4个龄期和蛹期等虫态,能取食烟粉虱的各个虫态。小黑瓢虫原产于美国东南部或中美洲,专门捕食烟粉虱,在美国加利福尼亚和佛罗里达等州成功地应用于防治棉花和一品红上的烟粉虱。东亚小花蝽则最喜欢吃烟粉虱的伪蛹。

另一种捕食性的瓢虫——日本刀角瓢虫的捕食行为很有趣。与大多数捕食性瓢虫相似,它们在叶片上搜寻猎物时,通常沿着叶片的主脉、支脉和叶缘往返爬行搜索,下颚须与下唇须不停地触碰叶面,头部不停地向叶脉两侧的叶面做摆动式搜索;有时会爬离叶脉或叶缘,到附近的叶面区域上搜寻,而后又返回到叶脉或叶缘。它爬行的速度时快时慢,或原地转圈,或头部左右摆动搜寻,但头部的两触角总是处于平行前伸的状态。一旦"嗅"到烟粉虱的卵,日本刀角瓢虫的成虫与高龄幼虫就会迅速用上颚咬住卵的中下部并取食;而它的低龄幼虫对卵经过一番捕捉后,最后常常会放弃猎物。当搜寻到的猎物为烟粉虱的若虫时,瓢虫的成虫与幼虫均能迅速地用上颚咬住并立即取食。但猎物为烟粉虱的伪蛹时,它有时只取食了猎物的一部分就弃之而去,另觅新的猎物。日本刀角瓢虫可以从不同的方位咬住猎物并取食,一旦咬住了猎物,它就开始吸食猎物的体液。当猎物为高龄若虫时，饥饿状态下的日本刀角瓢虫常会在吸食过程中转换2～4次吸食部位，直到将猎物的体液完全吸尽为止。在吸食猎物时，它可连续地吸食而不间断。每次取食完毕后，日本刀角瓢虫成虫常常要进行自身的清洁，包括疏理触角、下颚须、下唇须等。

盲蝽是多食性捕食者，也喜欢取食烟粉虱的卵、若虫和成虫，尤其爱吃烟粉虱的卵。它已被广泛用于防治烟粉虱。由于盲蝽需要1个多月的时间才能建立种群，因此它与丽蚜小蜂同时释放可以更为有效地持续降低烟粉虱的种群密度。

此外，中华草蛉、微小花蝽、东亚小花蝽等捕食性天敌对烟粉虱也有一定的控制作用。这些天敌之间有一定的共处性，可以同时使用而没有负面影响。

目前报道较多的烟粉虱病原真菌多为丝孢菌纲种类，主要有轮枝菌、拟青霉菌和座壳孢属的一些寄生真菌种类。玫烟色拟青霉菌分布比较广泛，能使多种昆虫染病。它对烟粉虱卵和成虫侵染率较低，但对若虫尤其是低龄若虫侵染率很高，在美国已作为微生物杀虫剂用于扶桑、一品红等的烟粉虱防治。蜡蚧轮枝菌是寄生蚜虫、蚧虫和粉虱等的一种虫生真菌，对烟粉虱卵的侵染率较低，但对各龄若虫的侵染率很高，在西班牙结合其他捕食性天敌的使用取得了很好的效果。白僵菌可寄生于多种昆虫，对烟粉虱主要寄生于若虫尤其是低龄若虫，并已在温室和大田试验中显现出较大的控制潜能。另外，粉虱座壳孢菌和扁座壳孢菌对烟粉虱的侵染率也比较高，并且极易侵染它的若虫，同时还可引起烟粉虱成虫和卵的流行病发生。

烟粉虱

对“魔鬼”全面围歼

烟粉虱的克星们在人类对烟粉虱的攻坚战中可以说立下了“汗马功劳”，而且生物防治本身最主要的优点就是利用自然界生物之间的相互制约作用，以虫治虫，对环境没有污染，成本也小。但由于烟粉虱太难对付，它们寄主广泛，体被蜡质，世代重叠，繁殖速度快，传播扩散途径多，对化学农药极易产生抗性等，这些都给防治造成很大的困难，单靠生物防治很难在短期内使它们束手就擒，因而必须采取综合治理措施，对它们进行全面的围歼，具体的方法有农业防治、物理防治和化学防治等。

几种烟粉虱不喜欢的蔬菜

首先是农业防治。对于种植在温室或大棚里的植物来说，在栽培之前就要注意不要用带烟粉虱的苗栽，为保险起见，栽培后再彻底杀一次虫。因为烟粉虱喜欢在老叶片上产卵，在大棚进行农事操作时，可以随时把植株下部衰老的叶片摘去，并带出大棚外销毁，防止叶片上可能有烟粉虱的卵继续孵化。在露地大田中，在植物换茬时要做好清洁田地工作，在重点地块周围应避免种植烟粉虱爱吃的作物。另外，也可以利用烟粉虱对不同寄主植物偏好较大，在目标植物的附近种植易感植物或叫引诱植物，如在番茄田间作黄瓜，可大大减轻番茄上烟粉虱的危害；也可以种植驱避植物如球形茴香，可有效地减少目标植物上烟粉虱的种群数量；还可种植烟粉虱不喜好的耐寒性蔬菜，如芹菜、韭菜、大蒜、洋葱等，从而降低烟粉虱的发生基数。

和蚜虫一样，烟粉虱对黄色，特别是橙黄色有强烈的趋性，可以利用这一个特点对它们进行物理防治。在一些较硬的黄色纸板上面涂上机油等黏性物质，然后把黄色粘板支撑或悬挂在和植物同等的高度，这样烟粉虱就会自动飞向黄色粘板从而被粘住，方法与粘蝇板或蟑螂粘板类似。等黄色板粘满虫或色板黏性降低时再重新涂油。在建设棚室时要有防虫网，尤其是通风口要以防虫罩遮严，防止烟粉虱从通风口飞入棚室。

烟粉虱的引诱植物——黄瓜

尽管使用农药控制烟粉虱会有污染环境等弊病，但在烟粉虱密度很大时，也必须要用到化学手段来降低害虫的密度，防止局面失控，引起更大的损失。所以，目前化学防治还是最主要的手段。当每个黄瓜叶片上有50~60头成虫，番茄上部叶片每叶有5~10头成虫时，要及时进行药剂防治。常用的药剂有矿物油、植物源杀虫剂烟百素、扑虱灵可湿性粉剂、25%阿克泰水分散粒剂等。在进行化学防治时应注意轮换使用不同类型的农药，并要根据推荐浓度使用，不要随意提高浓度，以免烟粉虱产生抗性和抗性增长。同时还应注意与生物防治等其他措施的配合，尽量使用对天敌杀伤力较小的选择性农药。

（李竹）

万方浩，郑小波，郭建英. 2005. **重要农林外来入侵物种的生物学与控制**. 1-820. 科学出版社.

万方浩，郭建英. 2009. **中国生物入侵研究**. 1-302. 科学出版社.

万方浩，谢丙炎. 2011. **入侵生物学**. 1-515. 科学出版社.

万方浩，冯洁. 2011. **生物入侵：检测与监测篇**. 1-589. 科学出版社.

张青文，刘小侠. 2013. **农业入侵害虫的可持续治理**. 1-395. 中国农业大学出版社.

孟瑞霞，张青文等. 2008. **烟粉虱生物防治应用现状**. 中国生物防治，24(1): 80-84.

紫茉莉

Mirabilis jalapa L.

紫茉莉，一直被当作是美丽的使者，近年来发现了它的入侵植物的本性，在野外也找到了被它侵占的领地和被它侵害的植物，虽然它还没有像“水葫芦”“紫茎泽兰”一样对人类造成极其严重的危害，但它的入侵性也是不容小视的，把它比作我们身边潜伏的“地雷”是再恰当不过的了。

《红楼梦》中的贾宝玉

众多的绰号

相信大家对中国古代四大文学名著之一的《红楼梦》并不陌生，但不知你们有没有注意到第四十四回“变生不测凤姐泼醋，喜出望外平儿理妆”中有这样一段文字，写平儿受了凤姐的气，把妆哭花，宝玉把她接进怡红院，拿出香粉与胭脂来：宝玉忙走至妆台前，将一个宣窑瓷盒揭开，里面盛着一排十根玉簪花棒儿，拈了一根递与平儿。又笑说道：“这不是铅粉，这是紫茉莉花种，研碎了兑上香料制的。”平儿倒在掌上看时，果见轻白红香，四样俱美，摊在面上也容易匀净，且能润泽肌肤，不像别的粉青重涩滞。这里提到的紫茉莉花种，指的是紫茉莉的果实。它的果实圆圆的，小小的，成熟后变为黑色，形状像个“小地雷”，把果实剥开，可以看到里面是细而白的粉末，类似女人的脂粉。那么紫茉莉究竟是何种植物？它有什么来头？在古代它的果实可以做胭脂，那么在当代它又有什么更多的用途呢？带着这些疑问，现在就让我带领大家进一步了解这个具有“唯美浪漫”名字的植物——紫茉莉。

紫茉莉与茉莉花是同种植物吗？当然不是，从植物分类学角度上讲，它们是不同科也不同属的花卉。紫茉莉*Mirabilis jalapa* L.隶属于紫茉莉科紫茉莉属，是草本植物，而茉莉花隶属于木樨科素馨属，是常绿灌木。既然不是同种植物，为什么紫茉莉有一个和茉莉花如此接近的名字

茉莉花

呢？也许是因为它夏秋季节开紫色小花，香气浓郁，似茉莉花香的缘故吧。在民间，紫茉莉又有很多的俗称，这些名字通常来自它的形状或功用。例如，紫茉莉开花和闭花时间受到光线和温度的影响很大，它的花傍晚至清晨开放，黄昏散发浓香，烈日下闭合，傍晚是劳作了一天的人们回家煮饭、洗澡、喝茶的时间，因此它又得名烧汤花、夜晚花、潮来花、夜娇娇、洗澡花、晚茶花、煮饭花等；它的果卵圆形，黑色，表面皱缩有棱，所以它的果有“小地雷”的雅号，它也被称为地雷花；种子胚乳是天然的化妆品，可制化妆用香粉、胭脂，古代宫廷中都曾使用，因此它又得名为胭脂花、官粉花、粉豆花。

美丽的使者

紫茉莉虽然是生活在我们身边的常见物种，但在关于紫茉莉来源的植物学图书中标明，紫茉莉是从美洲传入我国的一种植物，漂洋过海被引种来作为花卉观赏的。紫茉莉在我国最早的记载见于明朝万历年间高濂撰的《草花谱》中，而以紫茉莉花籽的白粉做脂粉，也早在崇祯年间的《天启宫词》中就提到了，作者秦兰征还作注说明，以此种花粉匀面的化妆法先是在民间流行，然后由天启朝的张皇后引入宫中。如果当时的植物学家们没有搞错的话，那么，在明朝中后期，紫茉莉就从美洲大陆远渡重洋，在中国的土地落地开花，后来，还进入了《红楼梦》这样经典作品的经典情节。

紫茉莉细长的花丝

虽然紫茉莉是引种而来的外乡客，但因为它非常适应异国的土壤，在东方这片神奇的国度吐露芬芳、展示着它并不伟岸却很耐人寻味的身姿，深深打动了这片土地上热爱生活、向往美好的人们，因此

紫茉莉

紫茉莉的杂色花

得以在中国栽培和生长了几百年之久，现如今更加枝繁叶茂、欣欣向荣。它的花虽不大，但却别有一番风姿，这也使得它在人们心目中的形象非常美好。它的名字也出现在许多的文学作品中。台湾著名作家林清玄曾专门撰写一篇美文来赞美紫茉莉。在作者的家乡，紫茉莉被称作煮饭花，作者更是不吝惜美好的词语，把煮饭花比作是一个好玩的孩子，玩到黑夜迷了路变成的。紫茉莉的生命力非常强盛，繁殖力也特强，如果在野地里种一株紫茉莉，隔一年，满地都是紫茉莉花了。它的花期也很长，从春天开始一直开到秋天，因此一株紫茉莉一年可以开多少花，一般是数不清的。这种顽强的生命力和生生不息的精神，正是被作者称道和歌颂的。

作家笔下的紫茉莉，坚强挺拔，耐人寻味。这个远渡重洋而来的美丽使者，也伴随了我童年的美好时光，使它的倩影深深地刻在我的脑海中。儿时我家的庭院中也种了一片紫茉莉，夏日的傍晚，和奶奶在院中乘凉，看着紫茉莉准备了一白天的花骨朵儿开始一个个地打开，长长的花柄，深紫色的花瓣，5片，以优雅的弧度连缀在一起，围成喇叭状，紫红色的花蕊从长长的花柄中高挑而出，它们一簇簇地盛开，热热闹闹。紫茉莉虽然是一年生的草本植物，最高只有1米，但看起来却有树的姿态。它根茎粗壮，上面不停地分枝、分杈，而在分枝的节部稍显膨大。肥厚的叶子，呈卵形或卵状三角形。花常数朵簇生枝端，一蓬一蓬地开放。花的总苞像一口缩小的钟，而花被片呈高脚碟状。它不但有最常见的紫红色，还有黄色、白色或两种以上颜色混合的杂色，真的是五彩缤纷、异彩纷呈的花朵呀。紫茉莉花丝很细长，从花瓣的中央伸出来，在花丝中央还包裹着一个像细线一样的花柱，非常的纤细修长。果实的外形像一颗颗的“小地雷”，初时绿，成熟时变成了黑色，表面布满了皱纹，像一个历经沧桑的老者。打开黑色

紫茉莉的“地雷”果

紫茉莉的花和“地雷”果

的种子,映入眼帘的却是白色的粉末,你会产生一种错觉:是不是打开了微型的地雷呢?可我必须要告诉你,这白色的粉末可不是火药,而是一种美容护肤的佳品,可以做胭脂的,从明代宫廷到《红楼梦》中均有记载,除了美容润肤的效果外,还能去除青春痘呢。紫茉莉的每朵花只能开一个晚上,早晨太阳出来就凋谢了。但仍有众多的花苞前赴后继,相继绽放。它形成的花苞数目众多,渐次开放,因此花期很长,从6月开始到10月结束,历时5个月之久。俗话说:“人无千日好,花无百日红。”而紫茉莉却用它不懈的努力去创造了“百日红”,为人们制造了这人间美好的景观的同时,也为自己产生了大量的种子。但我知道,我今晚看到的花儿已不是昨天的花儿。昨天的花儿凋谢后,正抓紧时间快速生成种子。

外柔内刚的勇士

紫茉莉的子孙非常多,繁殖力旺盛

紫茉莉离开家乡,来到了陌生的国土,尽情地释放着它的美。它的花朵很美丽,花丝纤细修长,像一个婉约的美人,外形娇弱,惹人怜爱。但它骨子里却有一种不服输的劲儿,想尽各种办法来在新的环境中站稳脚跟,无论碱性土也好,酸性土也好,旱也罢,涝也罢,它都尽力去适应,使自己长得旺旺的,多像个兢兢业业、勤奋工作又活泼开朗、成天乐呵呵的人,对于生活从不挑剔。

紫茉莉的每朵花在傍晚太阳快下山的时候才露出它的

野外入侵的
白花紫茉莉

笑颜，仿佛是与月亮有个约会一样，慢慢绽放，月上柳梢头，“花”约黄昏后，虽然每朵花一生只能开一个晚上，第二天早展太阳出来就凋谢了，但这对它来说已经够了，并不妨碍它完成自己的使命：开花传粉、受精结果。这也是花的伟大，为了种群的繁衍，献出了自己的一切，哪怕只有一晚的时间，它也坚强地绽开笑颜，用微笑来迎接自己的命运，为的就是结出那小小的果实。一朵花完成了使命，悲壮地倒下了，但仍有众多的花苞前赴后继，相继绽放，这哪像是端庄秀丽的淑女，分明像是征战沙场的勇士，为了取得战争的胜利，为了自己心中的理想，不惜牺牲自己的生命，并有成千上万个勇士义无反顾、继续前行。从每朵花的宿命，我看到了它们不屈不挠的精神，远渡重洋，背井离乡，没有了亲人和朋友，却也要顽强地获得一片天，通过牺牲自己的美丽，来争取更好的活下去的机会，产生更多的种子，来扩大种群，稳固自己的地位。

从这一点看，紫茉莉无疑是深明大义的。它的开花对光线和温度都有一定的要求，没有了合适的温度和天气，它不能开放，遇到了恶劣的环境，这个适应环境的高手又会想出什么样的招数来趋利避害，从而达到不但保证自身的生长，还能繁衍后代的目的呢？下面我就带大家领略一下“高手”的“奇招”，来看看聪明的紫茉莉，是如何从容面对险境、化险为夷的。

原来，为了克服因温度和天气影响而不能开花的状况，它的繁

紫茉莉

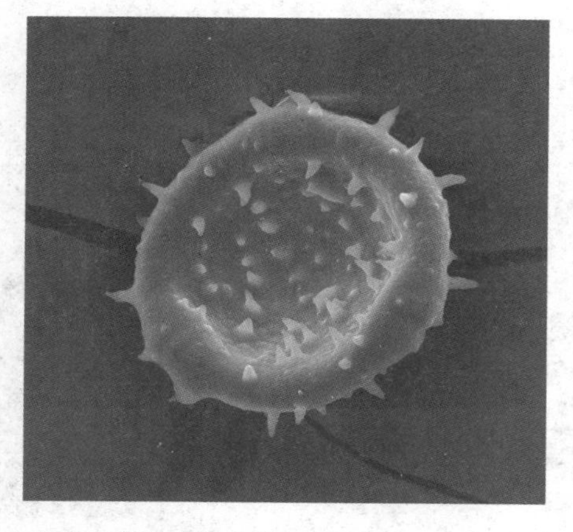
紫茉莉花粉电子显微镜图

殖系统除了开花后进行的异花传粉外，它还能在不开花的状况下进行自花传粉。自花传粉，顾名思义，指的是它的雄蕊产生的花粉落在同一朵花的柱头上时，可以萌发形成花粉管，花粉中的精子通过柱头输送到子房，完成受精过程。这是一种较为原始的繁殖方式，也是一些植物得以存活下来的生存之道，是其在长期的生存过程中对不利环境条件的一种适应进化对策，这种对策可保证只产生一朵花的植物或花不能绽放的植物也能完成其受粉的需要，有利于提高花粉的萌发率和花粉管的生长，提高其结实率，从而有利于其繁衍种族。

紫茉莉在正常情况下可以在开花时进行异花传粉，在温度和天气条件不适宜时进行自花传粉，这种繁衍子孙的招数就已经叫人拍手叫绝了，但各位朋友，我要告诉你们的是，你们还不太了解这种顽强的植物，这只是它生存招数中的一部分，更让人吃惊的是，它不但能进行上述的有性生殖，还能够进行无性生殖。说到它的无性生殖，那也是非常巧妙的。紫茉莉不仅可以通过根，而且可以采用茎进行营养生殖。为了测试它营

野外入侵的紫茉莉

养生殖的能力，有人做了这样的实验。他们将8月份于室外采挖的紫茉莉肉质根，置于湿沙中埋藏21天后取出，发现它的肉质根上已长出了多条细长的不定根，并在其肉质根的近顶端有芽产生。另外，他们将于8月份剪取的紫茉莉插条插入素沙中60天后，在其节部及节间的截面处均产生了大量的不定根。这些实验都是这个“顽强的战士”——紫茉莉进行营养生殖的最好证明。看着开得繁花似锦的紫茉莉，我不禁想到：这真是一种自强不息的植物，它的身躯虽然不算伟岸，但它的精神却值得我们学习借鉴，为了更好地生存，想尽各种办法，不达目的誓不罢休。

紫茉莉的幼苗

一种植物想在一片全新的土地上枝繁叶茂、子孙满堂，除了本身有强大的繁殖能力外，还需要有对抗外界环境中不利因素的能力，也就是说要有一定的抗逆性，这样它才可能在不利于自身生长的环境中生存下来，并且繁衍子孙，扩大种群。紫茉莉在中国被引种栽培几百年，经过长期的锻炼，具备了自己的一套适应环境的办法。它不仅可以在含盐量高的土壤中生存，在天热少雨的环境下，也可以看到它绽放的笑颜，随风摆动着它的一个个小喇叭，好像在吹响胜利的号角。它不但能耐热，还有耐寒的本事，把自己生存的版图不断扩大，妄图占领更大的领域，真是个野心勃勃的“野心家”。

紫茉莉不但利用自己的外貌来美化异国的环境，它还是个“用毒高手”，在它的生长过程中，能利用对我们人类有害的空气中的氯气，来合成它自身生长需要的营养物质；对我们人体健康有害的重金属锰和镉，可对它却构不成任何威胁，它能够巧妙地吸收这两种物质，并为其所用，这无疑帮了我们人类的大忙。我们可以把紫茉莉种在这样污染的环境中，来净化环境，为人类服务。这样说起来，紫茉莉还真是我们人类的“好朋友”呢！

潜伏的"地雷"

紫茉莉当初被引入我国的目的是作为观赏植物，所以它本来一直是被人们种在花盆或庭院中，用来美化环境并供人们观赏的。曾几何时，趁人们不注意，紫茉莉把它的"地雷"抛撒到了庭院以外的地方，逐渐地，紫茉莉从人们的眼皮底下逃之夭夭了。它在庭院和花坛以外的地方，找到了适宜生存的广阔天地，成为时下非常惹人关注的"外来入侵植物"名单中的一员。诚然，由以上分析的紫茉莉的特点我们不难看出，它能成为外来入侵植物不是偶然脱离人们的视线这么简单，而是有它的必然性。

紫茉莉的根从前常被用来制作假天麻

我们都知道，外来植物想要在异国他乡入侵成功，不仅是占有一席之地，而是要做到独当一面，必须具备这样的要素：生态适应性广、生长速度快、繁殖力强。紫茉莉恰好也具备这样的特性。它在我国的南北各地都有栽培，并且在大部分省区都已成功出逃，逸为野生，在云南、海南等地已经出现的疯长的势头，开始展现出它隐藏多年的王者风范，独领风骚了。它的生长很迅速，是因为它属于C4植物，具有较高的光合效能，能利用太阳光进行光合作用产生更多的营养物质，用于自身的快速生长，表现为枝叶繁茂，在与周围植物争夺养分、水分、空间及光照的竞争中占据优势，对其周围植物的生长具有抑制作用，最终导致其能够高密度占领生存环境。

紫茉莉不仅能进行高效的光合作用，还想尽办法来扩大自己的种群。它能通过有性生殖来产生它那外表坚硬无比的种子"地雷"，不管是通过开花后不同花之间进行传粉受精，或是由于天气和温度原因不能开花时同一朵花的花粉和柱头之间进行的，都能保障有性生殖的顺利进行。而且它产生种子的数目很大，每一株少则可以产生几百枚种子，多则甚至到上千枚。如若每一枚种子都有机会生根发芽的话，可以想象这将是一个多么庞大的家族。前面我们提到的紫茉莉为了自身的生存和发展，展现出的克服逆境、百折不挠的精神非常值得我们敬佩，但在敬佩之余，我们却发现它的各种生存和繁殖策略却开始迫害我们身边生长了多年的本土植物，打破了本土植物之间多年来形成的平衡关系。因此，面对这样意想不到的结果，人们对紫茉莉刮目相看了，它不再仅仅是美化世界的天使，而是潜伏在我们身边的“地雷”了。

紫茉莉表面非常的温顺，开着喇叭状的各色小花，而且是在傍晚默默绽放，为人们送去芬芳和美丽。然而，又有谁能想到，这样一种外表低调、默默无闻的植物，会对生活在它身边的朋友暗下毒手，为了自己的生存和发展而不择手段呢！它利用的就是入侵植物能成功入侵、迫害本土植物的惯用手段——化感作用。紫茉莉的水溶性化感物质可能通过溶淋或根系分泌进入环境，抑制其他植物的生长发育。紫茉莉的化感作用主要表现在紫茉莉浸提液的遗传毒性和对其他植物的种子萌发、幼苗生长的影响。有人专门进行了此类实验，研究发现，紫茉莉水浸提液能使蚕豆根尖细胞有丝分裂指数降低，微核率升高，细胞中

知识点

C4植物

C4植物，也叫碳四植物，即CO_2同化的最初产物是四碳化合物苹果酸或天门冬氨酸的植物，如玉米、甘蔗、高粱、苋菜等。而最初产物是3-磷酸甘油酸的植物则称为碳三植物（C3植物）。

已经发现的C4植物约有800种，广泛分布在有花植物的18个不同的科中。它们大都起源于热带。因为C4植物能利用强日光下产生的ATP推动PEP与CO_2的结合，提高强光、高温下的光合速率，在干旱时可以部分地收缩气孔孔径，减少蒸腾失水，而光合速率降低的程度就相对较小，从而提高了水分在C4植物中的利用率。这些特性在干热地区有明显的选择上的优势。

出现染色体断片、染色体桥、染色体滞留等多种染色体畸变现象，表现出明显的遗传毒性。也就是说，紫茉莉分泌出的一种物质能够使得周边植物的染色体发生畸变，从而破坏它们正常的生长、发育和繁殖。不仅如此，高浓度的紫茉莉根、茎和叶的水浸提液，对小麦、莴苣、油菜的苗高和根的生长具有抑制作用。

紫茉莉离开了美洲大陆，来到了异国他乡，处心积虑，立足脚跟，谋求发展。它不但在与入侵地植物的竞争中保全自己，不受本土植物的欺负，而且还能利用化学武器，阻碍入侵地植物的生长繁殖。不仅如此，它对于入侵地的动物也有一套完美的防御策略，利用其化学武器，防御食草动物的取食，防止微生物的侵染，从而在与本土物种的相互干扰中占据优势，实现成功入侵。紫茉莉对一些动物具有驱避或杀灭作用。在紫茉莉生长过程中，偶见蚜虫和少量的鳞翅目昆虫取食其嫩的茎叶，但目前尚未见其有效天敌。有研究指出，紫茉莉种子有毒，动物食后会致使其听力迟钝，口舌麻木；紫茉莉花含有生物碱，制成

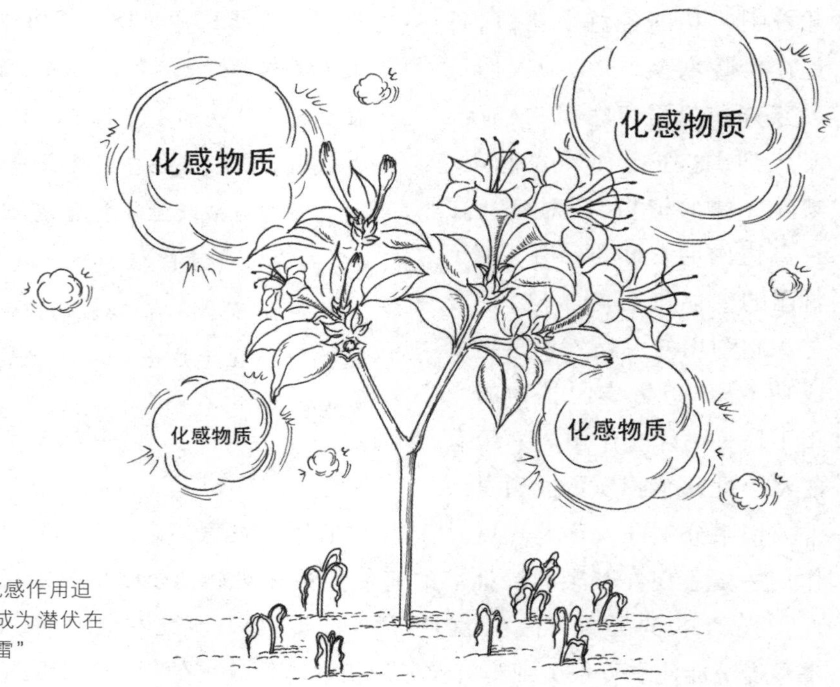

紫茉莉能通过化感作用迫害其他植物，已成为潜伏在我们身边的“地雷”

蚊香对蚊虫具有驱避和麻醉作用；紫茉莉茎的氯仿提取物对菜粉蝶和小夜蛾的卵具有较强的杀灭和产卵驱避作用；紫茉莉茎的3种极性溶剂(石油醚、氯仿、乙醇)提取物及萃取物对菜粉蝶4龄幼虫具有毒杀、胃毒和非选择性拒食作用。

另外，紫茉莉对一些微生物表现出抑制作用。紫茉莉根组织抽提物对烟草花叶病毒(TMV)、黄瓜花叶病毒(CMV)、芜菁花叶病毒(TuMV)具有较好的抑制作用。紫茉莉浸提液对桃软腐病菌丝生长具有抑制作用，抑制率随浸提液浓度的增加而增大，随培养时间的延长而降低。

小麦、莴苣、油菜的生长都可能受到紫茉莉的抑制

看了上面的实验结果，真的让人不胜唏嘘，从小就生活在我们身边的紫茉莉，不但是我们儿时的伙伴，还装点美化着我们的环境，但它却处心积虑地迫害着我们的农业生产，对农作物小麦、莴苣、白菜、油菜等的生长产生这么大的抑制作用。我想，这不仅当年引种紫茉莉的人没有想到，也是我们栽培种植紫茉莉的人所没有想到的。

防治的策略

紫茉莉对菜粉蝶的生长也有影响

紫茉莉，在人们没有完全真正地认识它的真面目之前，一直把它当作是美丽的使者，近年来发现了它的入侵植物的本性，在野外也找到了被它侵占的领地和被它侵害的植物。虽然它还没有像“水葫芦”“紫茎泽兰”一样对人类造成极其严重的危害，但它的入侵性也是不容小视的，把它比作我们身边潜伏的“地雷”是再恰当不过的了。

那么针对如何防止它扩散蔓延，危害其他植物，人们提

紫茉莉的"地雷"果

出了许多的方案。

治理紫茉莉最有效、最经济的办法莫过于防患于未然,而一旦任由它们蔓延开去,人类便不好收场。最简单的方法就是未开花之前将其拔除。因为我们知道,紫茉莉有性生殖的能力非常强大,一株紫茉莉在一个生长季就可以产生几百至上千枚种子,而种子的萌发率和存活率也非常高。在开花之前将其连根拔出,就能防止它进行有性生殖,达到拔草除根的效果。

对于入侵植物紫茉莉,在认识其入侵性和威胁性的同时,人们进一步开发紫茉莉的活性次生物质及相应的农用功能,"变害为宝",这也是对紫茉莉进行有效控制的途径之一。

第一,紫茉莉花冠具有独特的漏斗形,花有紫红色、黄色、白色、杂色等多种颜色,并且花冠有闭合现象,具有一定的观赏价值,可将其作为观赏植物在园林绿化中适当应用而发挥其绿化、美化环境和净化空气的作用。

第二,紫茉莉具有耐盐、抗旱、抗寒和耐高温的特性以及对污染环境具有一定的抗性,可以考虑在我国荒山荒坡的改造、荒漠化治理及重金属离子污染土壤的修复中适当加以应用。

第三,紫茉莉因其根、茎、叶、种子中含有多种生物活性成分,对植物具有化感作用,对一些动物、微生物具有驱避或杀灭作用,可将其作为农药植物资源,开发新型无公害生物制剂(如除草剂、杀虫剂、杀菌剂),在生物防治中发挥积极作用。

第四，紫茉莉的叶、根、种子和花均可入药，其药用价值始见于《本草纲目拾遗》，用于热淋、白浊、水肿、赤白带下、关节肿痛等症；复方多用于妇科疾病的治疗，种子白粉可去面部瘢痣粉刺，根可祛湿利尿、活血解毒。近几年还发现紫茉莉根可用来治疗糖尿病。紫茉莉可以说是全身上下都是药啊。

第五，紫茉莉的蛋白含量很高，因此，从蛋白角度来讲，紫茉莉具有比较好的营养保健作用，可为人们日常膳食中植物性蛋白质的摄入提供丰富来源。紫茉莉的粗脂肪含量较高，食用价值非常大，可以为我们的饮食结构的改善增添更多的选择。

紫茉莉的花
在白天闭合

只要人们合理种植和管理紫茉莉，让它在一定范围内充分发挥自身的价值，我相信，紫茉莉还是会给我们带来美丽的使者，它的“地雷”也是用来美化人们的容颜，而不会对我们的生态系统安全和生物多样性构成潜在威胁。而这一切，最终还需要我们人类来把握。

（毕海燕）

深度阅读

李振宇，解焱. 2002. **中国外来入侵种**. 1-211. 中国林业出版社.

徐海根，强胜. 2011. **中国外来入侵生物**. 1-684. 科学出版社.

许桂芳，刘明久，李雨雷. 2008. **紫茉莉入侵特性及其入侵风险评估**. 西北植物学报，28(4)：765-770.

张益民. 2010. **紫茉莉入侵机制的研究进展**. 安徽农业科学，38(12): 6169-6170.

万方浩，刘全儒，谢明. 2012. **生物入侵：中国外来入侵植物图鉴**. 1-303. 科学出版社.

摄影者

李湘涛　杨红珍　李　竹　徐景先　黄满荣
杨　静　倪永明　张昌盛　毕海燕　夏晓飞
殷学波　王　莹　韩蒙燕　刘海明　刘　昭
刘全儒　黄珍友　张桂芬　张词祖　张　斌
梁智生　黄焕华　黄国华　王国全　王竹红
黄罗卿　杜　洋　王源超　叶文武　王　旭
杨　钤　蔡瑞娜　刘小侠　徐　进　杨　青
李秀玲　徐晔春　华国军　赵良成　谢　磊
王　辰　丁　凡　周忠实　刘　彪　年　磊
于　雷　赵　琦　庄晓颇